Children's Meal.

Children's Meal.

# 超萌造型兒童餐

50道孩子最喜歡的可愛料理

濤媽 ‧ 著

yummy !

# 讓孩子吃到可愛
# 也吃到營養

當我第一眼看到這本書的時候，我不禁讚嘆這真是一本藝術作品！這是一位熱愛料理的媽媽為孩子付出的愛與關懷的作品！

翻開這本書，您一定會被這裡面每道餐點豐富的色彩、可愛的擺盤、充滿童趣的內容，以及令人驚喜的創意深深吸引。仔細閱讀書裡的內容，你更會發現餐盤中流露出的是媽媽對孩子的用心：Janet 挑選的都是健康的食材，使用的是單純的烹調方式，又兼顧到各種營養成分，接著結合孩子喜愛的動物和人物，在餐盤上設計出生動活潑的故事情節，挑動孩子好奇雀躍的心，讓吃飯變成一種遊戲，讓用餐成為親子活動的歡樂時光！從此以後，孩子吃飯不用三催四請，不會再吃得愁眉苦臉，他們會主動來找妳：媽媽，今天我們要吃「大野狼」？還是要吃「三隻小豬」？

媽媽是家庭飲食習慣養成的靈魂人物，相信每個人的心中都有一份記憶中無可取代的「媽媽的味道」。妳以愛心用心準備的餐食，提供全家人成長、體力、腦力所需的能量，也潛移默化地影響孩子將來的飲食習慣和對食物的選擇。從小吃薯條、雞塊、含糖飲料的孩子，長大後必然難以抗拒高油、高糖的食物，高血壓、心臟病、肥胖自然如影隨形。如果媽媽開始給寶寶副食品的時候，可以用食物的原型、原味，教孩子一步步認識糙米的嚼後甜、蔬食的菜根香、蛤蜊鮮蚵的大海味，孩子也可以變成「健康美食達人」！相信這樣的飲食習慣，每個爸媽都認同，但在現代社會的飲食環境下，這種目標簡直像逆水行舟般的困難。別煩惱，現在有了《超萌造型兒童餐》，您也可以跟著 Janet 做做看喔！

在早晨匆匆忙忙的步調中，要怎麼樣給孩子一整天滿滿的元氣，一整天快樂的開始呢？就試試 Janet 的「Good morning 元氣三明治」或是「寶貝加油激勵鬆餅」吧！讓孩子開心地吃了早餐才上學喔！

放學回家的時候，孩子總是喊肚子餓，這時候 Janet 提供了可愛的小點心，讓正在發育的小

朋友獲得充足的營養。説不定啊，一到下午孩子就已經開始期待等兒媽媽幫他準備的「微笑甜甜圈」或是「可愛時鐘三明治」呢！

現在的孩子好聰明，父母想再用「把夾著青菜的筷子當成飛機，噗！噗！噗！的在空中飛一圈」就想要送進孩子口裏的八股老梗，早已沒效用了！Janet 的食譜用的是食物天然的美麗顏色做成孩子最喜歡的卡通人物：忍者、外星人、小紅帽、獅子王、芭蕾公主、和服娃娃……邊吃邊玩角色扮演，哇～～這樣的餐點、這樣愉快的用餐氣氛，有哪個小朋友能抗拒呢？原來吃飯也可以這麼有趣啊！

最令我讚賞的是，Janet 設計的 50 道餐食，孩子一口咬下去，就有「多樣」無色素、不過度調味的食物入口。每個餐盤都有一個童話故事，這一餐的「故事」吃完了，孩子也吃到了國民健康署每日飲食建議的六大營養素！從小就多樣化的接觸各種不同種類的食材，是避免孩子偏食最好的方法，還可避免許多現代兒童常見因飲食習慣不良而引起的健康問題，如：便祕、缺鐵性貧血、缺微量元素的生長發育緩慢等。

回想我的孩子的成長過程，我很重視每天下班後全家一起吃飯的那頓晚餐，在餐桌上分享食物，也分享這一天的喜、怒、哀、樂、驚奇、和挑戰。許多價值觀的教育或情緒的支持，都從這餐飯輕鬆的談話中慢慢堆疊。我很喜歡 Janet「全家分食共享」的餐食點子，晚餐時刻家人圍在一起談天，彼此發現碗裡不同的地方，互相分享碗裡的趣味，吃飯變得像尋寶一樣有趣！孩子也可以從餐食的製作開始參與，和媽媽一起做出全家人要吃的晚餐，或在特別的日子為家人做份特別的餐點，把感恩的心一起吃進肚子裏！

我從 Janet 第一個孩子出生時就認識她了，她是一位熱愛生活、熱愛家庭，更熱愛分享的人。每每她都會用積極的行動力、追求完美的努力和對孩子無比的愛心做出令人驚訝的成果……這本書就是其一。她的菜單把孩子成長所需的營養，養成孩子健康飲食習慣的烹調方法，甚至愉快的用餐情緒全都考量進去了。如果您正有孩子不愛吃飯、偏挑食、營養不均衡的煩惱，現在就跟著 Janet 做做看，帶著孩子一起來準備健康又令人食指大動的美食吧！

恩主公醫院小兒科主治醫師　許登欽

# 「食育美學」—
# 健康‧親情從幼起

「促進國民身心健康」、「豐富人性」、「維護良好的飲食文化」是日本在 2005 年 7 月 15 日依其「食育基本法」的前瞻教育理念與實踐方針。這和台灣四健會「食育小食堂」將「頭、腦、身、心」融合農業教育與學校教育主婦聯盟將「飲食、農業、生態、營養、文化」作為環保、永續正義為主軸的飲食實踐有異曲同工之妙。

幼兒生在長期與複雜價值演進的社會，他需要在短時間內走過很長的進化路程才可學到成人們所獨有、而為他們所不適的生活方式與思想方法。在這個依賴性與可塑性甚大的幼兒階段，教師和父母的責任便在引導他們充實而愉悅地走過這個進程。

孩子的感官非常敏銳，任何可以嚐、摸、看、聽、聞的都會讓他覺得新奇而躍躍欲試，五官的親身體驗是孩子主要的學習管道。其實孩子喜歡工作甚於嬉戲。如果讓孩子選擇的話，他寧可捨棄玩耍而去參與「真正的」工作。如烹煮、清理園藝等。孩子熱愛工作，他們急切的想加入成人世界，參與有意義的實際工作，他們很希望能和大人一樣做家事、照顧自己與打理生活的瑣事。

濤媽以其專業及使命感為幼兒推出 50 道秀色可餐的親子餐點，每一道都具備健康食材的履歷證明，充分展現了 21 世紀幼兒營養學的研究觀點——如何由適當的飲食來預防或改善人類疾病的發生。近年來「食安」風暴及其對國民健康的影響，使得公部門及民間團體無不積極提出全面與系統性的規劃和執行方

式。這個餐點模式適合 3 ～ 4 個小家庭一起分享共食，除了親子互動外，也強調家庭間的互通有無，以及親子間語言溝通和肢體的親密互動。親子餐點除了「五色」食材的視覺享受也在關照營養外，促動幼兒舌頭上的食慾與親子合作的成就感。孩子的成長中有許多的關鍵期，在這重要時段，他最容易打開心門吸收掌握某些特定能力。大人們必須察覺這些敏感時刻，適時給他們協助，讓他在最佳的狀態下學得各種技能與概念，一如出版這本親子餐點，恰如其分的掌握了歷程簡單、親子參與與餐點分享等的重點。

渴望成長探索與伸展是孩子發自內心的自然動力，當大人透過閱讀、眼觀或耳聞的方式來學習新知，而孩子卻得靠實際行動獲得理解世界、獲得所知的機會。這個世界對孩子而言是新鮮的、好玩而有趣的，他所發現與所學習到的每一事物都是幫助他長大成人的重要關鍵。這本書透過親子動手做的新飲食概念，建立正確食育正義觀念和虔敬對待食物恩賜的飲食文化。這種「食育」從幼起便擔負了傳播文化的種子工作，良好的飲食文化讓孩子遠離垃圾食物，藉著認識食物及其生態發展養成幼兒愛物、惜物的良好消費習慣與態度。

在「食育基本法」的催生下，民間成立食育推動聯盟，各個社群團體和家庭親子間也能因地因人制宜，成為重視食育健康的推動者。這種人人遵守與推廣的成效，不僅將使台灣遠離食安風暴，也因為食育的實踐，人人身心健康、安居樂業、溫馨和諧的家園親情將指日可待……。

亞洲大學幼兒教育學系講座教授
臺北市立大學幼教系前教授兼系主任

盧美貴

# 一點點小心思，
# 讓他們愛上你的料理

有一些人問過我：「為什麼妳的孩子們那麼愛吃飯？」、「為什麼他們都不太挑食？而且可以把飯吃得乾乾淨淨的？」

我有 2 個寶貝，現在一個 7 歲、一個 5 歲了。

只要在餐點上面的一點點小心思，就能讓他們變得愛吃媽媽的家常便飯。

從 2 個孩子的人生中第一道餐點開始（就是所謂的副食品）到現在餐桌上的每一道菜，或許我只是多花了一點時間、多放了一個微笑貼在飯糰上、把飯糰做成小熊的形狀、或是將蔬菜切成圓球形……等等。這些小變化，足夠讓他們看到餐點的同時，展現出馬上想要開動的笑容！

在這本書裡頭，大部分的料理都是以分享餐為主題。在餐桌上的「分享」是家庭餐桌樂食的開端。懂得如何分享、知道分享的目的以及方式，對孩子們來說不但是一種愉快的餐桌經驗，也是學習分享的課題，更是家庭成員在餐桌上的一種互動。

一盤盤的飯端上餐桌，你吃什麼，我就吃什麼。看到他吃下菠菜，那我也試試

看！原來菠菜是這個味道！看到盤內的小熊熊～馬上興奮得抬頭對著我説：
「媽媽，這個小熊超級可愛的！！」然後兄妹間開始討論這隻小熊熊是用什麼
食材做出來的，一邊一口一口的品嚐。

我做飯的原動力，來自於每一次看到先生和孩子們看到餐點的笑容。
孩子們的想像力與期待是我製作餐點構思的來源。

「我最喜歡媽媽做的飯了！」是我和每一個媽媽最喜歡聽到孩子們説的話了。
這是一本我用很多愛製作出來的食譜。也算是我的第三個寶貝。
希望這本食譜可以讓大家的孩子們變得更愛餐桌時光。
也在分享餐盤內的食物的同時，增加親子、兄弟姊妹間的互動。

期待有一天會聽到大家的迴響説：「我的寶貝變得愛吃飯了！」

濤媽

# Contents.

## Before.
### 在開始之前

## Chapter 1.
### 一日的早晨

## Chapter 2.
### 寶貝的小冒險

# Before.

## 在開始之前

午後，突然在思緒的雲海中呈現一個畫面，

一個會讓孩子們看到就衷心歡喜的影像。

把紙一抓，趕快畫下來。

就怕一瞬間那個畫面就消失了。

孩子們～等媽媽將這個做出來放在你們的餐盤上！

# 準備好這些工具
# 讓你無往不利

常言道：「工欲善其事，必先利其器」，在做出可愛又好吃的造型料理之前，我們要先準備好那些工具呢？

## 【1】使用工具

### 小剪刀
可以剪出小形狀喔！

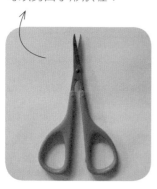

### 形狀模組
星星、愛心、花、橢圓形等都可以簡單的製作出來。

### 海苔模具
可簡簡單單在一張海苔上壓出不同的造型，也可以拼湊出不一樣的表情。

### 鑷子
鑷子可以將小的海苔形狀等安全的放到造型飯糰上！是製作造型時的必備工具！

### 牙籤
家中細小的牙籤是製作造型的必備道具！

### 雕塑工具
雕塑筆是我做造型餐點時必備的，可在海苔、起司、火腿、蔬菜等上割出各種不同的形狀。

保鮮膜/鋁箔紙/烘培紙

不要忘記在捏飯糰時一定要準備有厚度的保鮮膜！手捏飯糰必備！

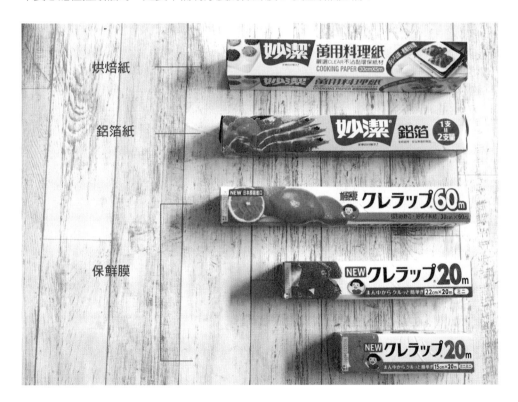

烘焙紙

在將食材放入烤箱時的必需品喔！

鋁箔紙

在製作造型時是很好用的。通常是用在遮蓋住不需要被灑上材料或是分隔食材時使用。

保鮮膜

家中我通常都會準備3種尺寸的保鮮膜。依照飯糰的不同大小，可以使用不同尺寸的保鮮膜。

## 【2】塑型道具

棍棒

甜甜圈模具　　　　　　淺盤模具　　　　　　蛋糕烤盤

棍棒

可以用棍棒將要
塑形的吐司先行
壓扁。

甜甜圈模具

適合用來做游泳
圈形狀的飯糰。

淺盤模具

可以將飯壓成底
座,例如食譜裡
頭的北極小企鵝
的底座就是使用
淺盤模具做成。

蛋糕烤盤

可將白飯塑成中
空狀。

# 【3】推薦鍋具

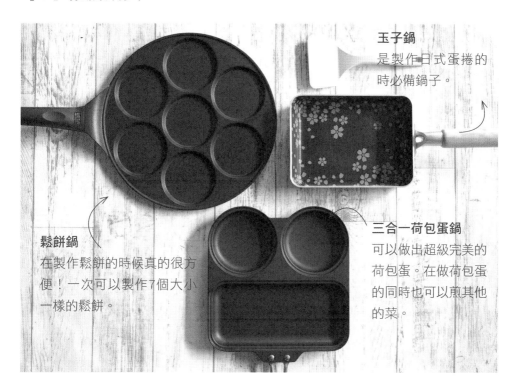

**玉子鍋**
是製作日式蛋捲的
時必備鍋子。

**鬆餅鍋**
在製作鬆餅的時候真的很方
便！一次可以製作7個大小
一樣的鬆餅。

**三合一荷包蛋鍋**
可以做出超級完美的
荷包蛋。在做荷包蛋
的同時也可以煎其他
的菜。

# 【4】常用容器

**方型便當盒/橢圓形便當盒**

我最喜歡用這2種形狀的便當盒
幫孩子們裝餐點了，份量剛好
而且方便布置配菜。

**正方形分享盤/長方形分享盤**

在製作分享餐時，這2個容器的尺寸剛好可
以做出2～3人份量的餐點。我喜歡使用陶
製的容器，加熱起來也很方便安全。

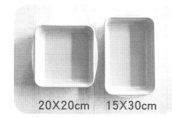

20X20cm    15X30cm

# 偷偷跟你說
# 技巧純熟的小祕訣

使用以下這些小技巧,可以讓你在做造型料理的過程中無往不利,比別人厲害一百倍喔,快來學習這些變身行家的偷吃步吧!

捏　在捏飯糰時要記得準備有厚度的保鮮膜,簡簡單單就可以將飯糰捏成想要的形狀。

在掌心攤開一張保鮮膜,並放上需要份量的白飯。

將保鮮膜包起,並捏成需要的形狀(要壓緊)。

將保鮮膜打開,飯糰就完成了!

貼　將海苔、起司、火腿等固定在飯糰上時,使用少許的美乃滋當黏著劑很方便,也不容易掉落喔!

準備好要美乃滋、飯糰、想黏貼的細節(表情、腮紅……等)。

用牙籤沾取一些美乃滋,塗抹在想黏的飯糰部位上。

用鑷子夾取想黏貼的細節,覆蓋住美乃滋,就貼好囉!

**壓**

**海苔模具**
用海苔模具可以簡單在海苔上壓出所想要的形狀。

**形狀模具**
形狀模具有很多不同的大形狀。例如圓形、橢圓形、三角形、花形等。

**吸管**
在需要壓出小圓形或是橢圓形時，吸管非常的方便！

**切** 用牙籤或雕塑刀切割起司片很方便！　　**剪** 在海苔上剪各種的形狀是製作造型飯糰時必要的作法。

利用牙籤的好處是好轉彎，容易製作變化。

雕塑刀則是可切割出較俐落的線條。

使用小剪刀可以讓剪海苔更簡單，而且可以剪出比較小的形狀。

**固定** 如何將捏好的飯糰連結固定呢？這個時候就會需要到煎義大利麵，可以用來固定不同飯糰的部位。

 →  →

準備煎好的義大利麵，並折成需要的長度。

將義大利麵插在較小部位的飯糰上。

插入較大部位的飯糰，就完成組裝囉！

# 七彩顏色怎麼來？
# 一切都是天然食材

小熊總不能永遠是白色的吧～我想做拉拉熊怎麼辦呢？繽紛多彩的飯糰
顏色怎麼來的？讓我來教你們，用自然食材製作出不同的飯糰顏色！

**紅色：番茄醬**
1碗白飯：1大匙
番茄醬
將番茄醬加入白
飯內混合。

**橘色：胡蘿蔔、南瓜、鮭魚**
1碗白飯：5片南瓜 or 6片胡蘿蔔 or 2
大匙鮭魚鬆
如果使用南瓜或是胡蘿蔔，將南瓜和
胡蘿蔔先切片然後用沸水煮熟。搗碎
後加入白飯內攪拌均勻。

**紫色：紅紫菜**
1碗白飯：2～3片紅紫菜葉
用沸水燙紅紫菜葉。將菜取
出後搗碎，濾網過濾一下後
加入白飯內攪拌均勻。

**黑色：黑芝麻**
一碗白飯：10g黑芝麻
將黑芝麻磨碎，適量
加入白飯裡頭

**方便著色風味粉**
超商裡頭現在時常有販賣著一包包方
便給飯糰著色用的風味粉。
只要把粉末加入白飯裡頭攪拌均勻，
飯糰就可以簡單著色了！

**著色範例**

**綠色：菠菜或其他綠色蔬菜**
1碗白飯：3片菠菜葉
用沸水燙菠菜，將菠菜取出
將菠菜葉搗碎，加入白飯內
攪拌均勻。

2～3小片煮熟
的胡蘿蔔。

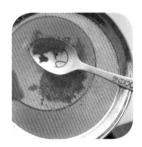

胡蘿蔔用湯匙
在濾網上壓碎
成泥。

**咖啡色：醬油**
1碗白飯：1小匙醬油
醬油加入飯中攪拌均
勻即可。

**黃色：蛋黃**
1碗白飯：1顆蛋黃
將白飯與蛋黃攪拌在
一起，加蓋（可微波
材質）後，微波80
秒。

取過濾完成的
胡蘿蔔泥，
與半碗白飯攪
拌，白飯就會
變成橘色了！

# 3 種形狀的飯糰
# 可以變出全世界

飯糰有3種基礎形狀：圓形、三角形、橢圓形。

每一個形狀都有不同的用途喔！

**圓形**

適合用在臉型、身體部位。
如果製作小動物形狀例如小
雞或是小熊的話，也常常會
用到。
是最常使用到的飯糰形狀。

**三角形**

有一些特殊形狀的飯糰會使
用到三角形飯糰。
例如平常常見的三角飯糰。
在這本書裡頭，可愛小鬼頭
和運動會的食譜裡頭所使用
的就是三角飯糰。

**橢圓形**

橢圓形飯糰常常使用在裝飾
小部位的時候。
小兔子飯糰裡頭，兔子的耳
朵通常都是橢圓形的。
手或是腳部也是用橢圓形飯
糰喔。

# 一步一步來
# 把飯糰變成可愛寶貝的臉

捏好了飯糰形狀後，該怎麼樣讓它變成一張張臉呢？其實步驟相當的簡單！只要按照以下教的小技巧，不但可愛而且表情豐富！

## 用模具做出各種可愛的表情

海苔模具可以方便壓出表情細節。只要再拼拼湊湊就會出現不同表情了！喜、怒、哀、樂、俏皮、可愛、睡覺、頑皮、驚訝的表情都可以做的出來～眼睛下面墊一片比較大的起司片，再放上黑色眼睛的話，就可以再變化出不同的眼睛。

# 人臉怎麼做？

**3** 用海苔把想要的髮型瀏海剪出，上方連接一片方型海苔

**2** 用海苔把想搭配的表情裁好

**1** 先捏出一個圓球形的飯糰

**4** 先將頭髮黏到圓球飯糰上，並把方型海苔向後包覆，做出整片頭髮

**5** 貼上眼睛

**6** 貼上鼻子

**6** 貼上嘴巴

**7** 貼上眉毛就完成囉！

## 人臉完美比例示範

1。 將人頭上下左右各畫出3條線,將
   圓球分成16等分。
2。 第1列橫列布置頭髮。
3。 兩個眼睛落在第2列的位子,並對
   準左右兩條直線。
4。 鼻子恰好落在中心點。
5。 第3列的中間偏下處,放上嘴巴
6。 第4列留白,當做下巴。

## 動物臉完美比例示範

1。 將動物頭上下各畫出3條線,將整
   體分成16等分。
2。 第1列的橫列保持留白。
3。 兩個眼睛落在第2列的位子,並對
   準左右兩條直線。
4。 黃色起司片放在中心偏下的地方。
5。 鼻子恰好落在中心點。
6。 在第3列的左右放上可愛腮紅。
7。 第4列留白,當做下巴。

## 可愛腮紅有四種

臉部的腮紅可以用幾種不同材料製作而成,
基本上,火腿、胡蘿蔔、番茄醬任選都可以喔!

**火腿**

**胡蘿蔔**

**番茄醬**

## 動物臉怎麼做？

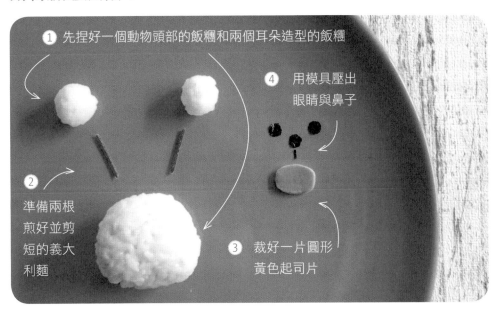

① 先捏好一個動物頭部的飯糰和兩個耳朵造型的飯糰

④ 用模具壓出眼睛與鼻子

② 準備兩根煎好並剪短的義大利麵

③ 裁好一片圓形黃色起司片

⑤ 將耳朵用煎義大利麵固定到動物頭部上

⑥ 在中間偏下的地方貼上圓形黃色起司片

⑦ 貼上眼睛

⑧ 在黃色起司片上貼上鼻子就完成了！

# 10 種孩子最愛的
# 飯糰餡料

這裡介紹我的孩子們最喜歡的10種飯糰餡料！

簡單就可以製作完成，而且讓餐點的營養加分。

除了包在飯糰裡面之外，也可以搭配飯一起吃。

是讓孩子們更愛上造型餐點的一個重要理由！

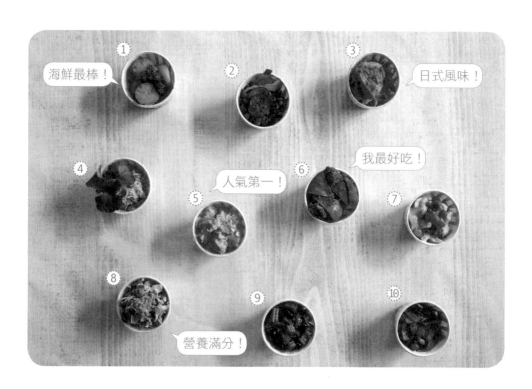

① 奶油干貝
鍋內加入奶油加熱後放入干貝煎熟，再撒一點鹽巴在上面。

② 茄子豬肉
用紅蔥頭在鍋內爆香後加入豬絞肉，炒熟後再放入茄子，一起將食材都炒熟即可。

③ 味噌鮭魚
鮭魚上塗抹味增後，放入烤箱烤到鮭魚熟透。

④ 洋蔥鮪魚
用鮪魚罐頭，先將鮪魚用熱水燙過後把水倒掉。加入少許切碎的洋蔥和美乃滋，攪拌完成。

⑤ 吻仔魚煎蛋
鍋內加一點沙拉油，打入蛋。加一點鹽巴後再放入吻仔魚一起炒。

⑥ 起司肉排
絞肉加入少許醬油、胡椒鹽、糖並攪拌，捏成圓形，在平底鍋內煎到全熟後，鋪上起司。

⑦ 白醬雞肉
雞胸肉煮熟後切絲。在鍋內煮市售白醬，加入冷凍蔬菜煮到蔬菜軟後，將醬淋到雞肉上。

⑧ 菠菜雞肉
雞胸肉煮熟後切絲，菠菜燙熟後切碎，和雞肉一起攪拌，加入少許醬油。

⑨ 黑豆甜豆腐
日本甜豆腐皮切丁後加入日本甜黑豆混合即可。

⑩ 火腿炒菇
草菇和火腿放入鍋內煎炒。最後加一點鹽巴。

# 繽紛配菜超簡單
# 一種食材多種變化

【1】華麗配菜篇—蛋的變化

**水煮蛋**

水煮蛋切半時色彩很豐富！很適合裝飾盤內用。

**蛋絲**

將做好的蛋皮切成細絲就可以當成裝飾使用。

**蛋皮花**

黃色的花形可以提供餐盤繽紛的視覺效果。

美麗的造型主體完成了，但還需要一點點裝飾喔，這裡教你們
幾道很好入手的配菜，不需要花太多時間就可以將盤內的造型
變得更豐富！

**荷包蛋**
可以用荷包蛋專用
鍋，或是用圓形器具
圍住蛋在鍋內煎也是
可以的喔！

**日式玉子燒（海苔）**
包入海苔後的玉子
燒，是孩子的最愛。

薄薄的蛋皮捲進好吃的海苔，

讓人忍不住一口接一口的吃掉，

是孩子們最喜歡的味道。

日式玉子燒（海苔）

1。 把3顆蛋打均勻。

2。 將1/5份的蛋汁倒入有加入少許油的玉子燒鍋內，把蛋汁均勻分散在鍋內。

3。 底部稍微熟後，把蛋皮捲起來。

4。 再加入1/5份的蛋汁。這次上面撒上海苔。然後將第一次完成的蛋捲往回捲。

5。 繼續同樣的作法到蛋汁全部用完為止。

*如果油不夠，可以在倒入下次蛋汁前再加少許油。

*將蛋打均勻後分4～5次不同時間倒入玉子燒鍋，是製作成有層次的重點！

黃色的小花圍繞在主角身邊，
讓整個餐盤活潑了起來，
快來讓料理開滿花朵吧！

蛋皮花

1。 蛋打均勻後，倒入玉子燒鍋內煎熟，做出一張蛋皮。

2。 將製作好的蛋皮短邊對折，沒有開口的方向用刀子切斷。

3。 從一端開始捲起。

4。 完成了！

*倒入鍋內的蛋汁不要太厚，不然蛋皮太厚的話容易破裂。

## 【2】華麗配菜篇─火腿與小熱狗

**小熱狗章魚**
日本媽媽的拿手絕活，日劇、漫畫中常出現的小章魚，作法其實很簡單！

**紋路小熱狗B**
讓小熱狗的斷面呈現格狀紋路，可以豐富餐盤視覺。

**紋路小熱狗A**
除了只是把小熱狗煎熟，加上一點點的小巧思，就可以讓平凡變得不平凡。

**火腿花**
淡粉色的火腿花適合拿來點綴在餐盤的角落，既漂亮又好吃。

Hem
&
Sausage

火腿花

1。 和蛋皮花的作法類似,只是使
　 用的材料是火腿。

2。 一樣將火腿對折後在沒有開口
　 的地方用刀子切斷,捲起來就
　 完成了!

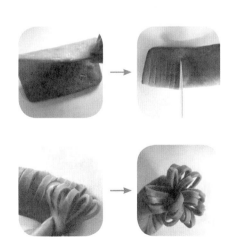

做好外型之後，

點上起司片和海苔做的五官，

一下子就變成活潑的小章魚囉！

小熱狗章魚

1。 將小熱狗的一端用刀子切斷成6～8份。（不要切斷整個熱狗哦！）

2。 鍋內加少許油，將熱狗放入鍋內煎。

3。 用刀子切斷的部位會在加熱後開始往外翹起來。

4。 把熱狗翹起來的部分在鍋子上再煎一下讓造型更翹一點。

有紋路的小熱狗，
讓視覺變得更加跳躍，
連吃起來的口感也更不一樣囉！

紋路小熱狗A

1。 在小熱狗上用刀子交叉劃出幾
　　刀（不要將小熱狗切斷，只要
　　切出紋路就好。）

2。 放入鍋內加熱後紋路就會變明
　　顯了！

用做好的紋路小熱狗來搭配前一篇的蛋皮花，
可以組合成一朵漂亮的向日葵～

紋路小熱狗B

1。 將小熱狗先切成幾段，然後在
　　熱狗斷面上用刀子劃出紋路。

2。 放入鍋內煎。

## 【3】可愛配件篇

在造型飯糰上，有時候加上一點點的點綴就會突然變得更可愛了。

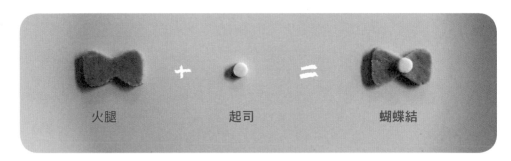

火腿　＋　起司　＝　蝴蝶結

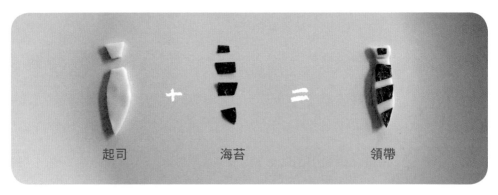

起司　＋　海苔　＝　領帶

*用黃色起司或是白色起司都可以！海苔的粗細也可以依照喜好調整。

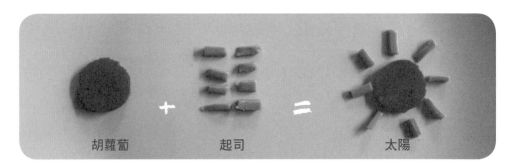

胡蘿蔔　＋　起司　＝　太陽

*除了紅蘿蔔和起司的組合，也可以是火腿＋起司的組合，或是黃色起司＋白色起司
的組合。

*葉子＝甜豆莢從中間切開後翻開。

## 最常用的配件食材

海苔、白起司片、黃起司片、火腿

這些都是製作造型餐點時的必備
食材唷！記得冰箱裡頭要常備！
讓海苔長期保鮮。

**保持酥脆的小技巧**：海苔打開後
收藏時要封口然後放到冰箱冷藏
喔～這樣下一次拿出來使用時海
苔還會是酥脆的。而且在製作形
狀時也比較容易成功。

# 可愛造型的背後
# 有紮實的底盤

裝盤是一種想法，也是一種盤內藝術。

怎麼裝才可以將料理豐富呈現，怎麼裝才會精緻不亂。

這裡分享3種基本裝盤概念。

在這本食譜書裡頭，你
們會發現有幾道菜色都
是用平面底盤做成的底
然後上面再做裝飾，這
是一種有立體效果的擺
盤方式。

## 【1】平面底盤

1。 將飯倒在淺盤模具內。

2。 蓋上保鮮膜。

3。 將飯壓平。

4。 把飯倒出放在盤上。

5。 然後在用飯做成的底盤上做裝飾。

有夾心的底盤就是在飯與飯之間先加入餡料。這樣的製作方式讓味覺和營養度大提升。孩子們只要吃到裡頭豐富的口感就會一口接著一口。

# 【2】夾心底盤

1。 先放入底層白飯。

2。 再倒入製作好的餡料。

3。 再疊上新的一層飯（可考慮在飯色上做變化）。

4。 在做好的底盤上放上配菜、進行裝飾。

我很喜歡使用蔬菜底盤！原因是因為看起來不但最豐富美觀，而且蔬菜的攝取也增加了。我通常最愛用奶油生菜，因為質地柔軟、香甜，孩子們很喜歡！

## 【3】蔬菜底盤

1。 先在盤內放入蔬菜，並疊上做好的造型飯糰。

2。 加上配菜與其他配件……等等。

3。 整體完成後會呈現出滿滿的豐富視覺感。

# chapter 1

# 一日的早晨

自從孩子們開始上課，就希望他們可以元氣一整天，

早上起床，很多時候都是匆匆忙忙的趕著孩子們出門，

但是早餐是一天最重要的一餐，不能少！

只要有機會，一定會在早餐上加上快樂的元素，

盤子內的表情不同，孩子們臉上的表情也變得不一樣，

一天快樂的開始，其實可以那麼簡單。

# Good morning
# 元氣三明治

 30分　　 2人份

**材料**

白吐司 3片

全麥吐司 3片

黃色起司片 1/4片

白色起司片 半片

海苔 少許

水煮蛋 2顆

生菜 1片

蘋果 1/4顆

藍莓 少許

草莓 2顆

草莓果醬 1小匙

橘子果醬 1小匙

美乃滋 2大匙

番茄醬 少許

鹽巴 少許

胡椒 少許

**作法**

1。 將所有吐司去邊，並用45度斜切成三角形。

2。 水煮蛋剝殼後切碎，加入美乃滋、鹽巴、胡椒，並充分攪拌均勻，做出蛋沙拉。

**鹹口味內餡**

3。 將製作好的蛋沙拉夾入兩片切好的吐司中，完成一組三明治雛形，可做出四組，其中兩組另外夾入切半的生菜，創造出不同口感。

**甜口味內餡**

4。 剩餘的吐司分別塗上草莓、橘子果醬，完成草莓三明治、橘子三明治，共兩組。

**鹹口味裝飾**

5。 壓出許多白色起司星星和黃色起司圓點裝飾在鹹口味的三明治上方。

**甜口味裝飾**

6。 草莓與蘋果切成薄片，和藍莓一起點綴在甜口味的三明治上方。

7。 用小熊模具壓出黃色起司小熊形狀之後，做出一隻可愛小熊（作法參考P.17），放在其中一塊鹹口味三明治的上方。

① ② ③ ⑤ ⑥ ⑦

# 寶貝加油激勵鬆餅

 **20分**　　 **2~3人份**

**材料**

鬆餅粉 200g

黃色起司片 2片

牛奶 200g

雞蛋 4顆

生菜 少許

小番茄 6顆

咖啡色巧克力筆 酌量

糖 1小匙

**作法**

1。 將鬆餅粉、牛奶、雞蛋均勻混合。

2。 倒入平底鍋用中火煎。煎好之後放涼。

3。 在放涼的鬆餅上，用巧克力筆寫上數字並畫出寶貝的臉。

4。 在另外一個鍋子內打入3顆蛋，加入糖、小番茄、起司。待蛋熟了之後就可以關火。

5。 將炒好的番茄起司蛋、生菜一起夾入煎好的鬆餅中。

**便當設計** ✿✿✿
裝入用生菜鋪底的便當盒中，好看又好吃。

# 小章魚夾心飯糰

調皮的小章魚在好吃的飯糰上面遊走

你想先吃可愛的小章魚，

還是先吃營養的夾心飯糰呢？

# 小章魚夾心飯糰

 20分 　　 2~3人份

**材料**

白飯 2碗

白色起司片 少許

海苔 2大張

荷包蛋 2顆

熱狗 1~2根

鮭魚鬆 約3湯匙

小熱狗 2條

綠色生菜 1~2片

紫色生菜萵苣絲 少許

鹽巴 少許

**作法**

1。 將1張海苔轉45度平放在桌上,將半碗白飯薄薄的在海苔中央。

2。 在白飯上擺上兩條熱狗。

3。 疊上一顆荷包蛋,並灑上一些鹽巴。

4。 再疊上一張生菜。

5。 在生菜上再疊上半碗白飯。

6。 將海苔左右兩邊的尖角往中央折起。

7。 下方的海苔尖角往上蓋到中央點,稍微下壓。

8。 然後將飯糰往最後一端未折起的海苔包起來,稍微壓一下讓飯和海苔貼黏在一起,完成第一個飯糰。

9。 另一個口味的飯糰則在第一層白飯鋪好後,先鋪上3湯匙的鮭魚鬆。

10。 在鮭魚鬆上鋪上少許的紫色萵苣生菜絲。

11。 再放上一顆荷包蛋,並灑上少許鹽巴以作法6~8的方法完成第二顆飯糰。

12。 將菜刀稍微沾一點水之後,把飯糰對切,再放上兩隻做好的小熱狗章魚(章魚作法參考P.34),就完成可愛的小章魚夾心飯糰了。

# 豆腐皮熊貓壽司

小熊貓躺在豆皮內

得意洋洋的抱著竹子，三色小丸子

好像每一隻都在問：「你什麼時候要吃我呢？」

# 豆腐皮熊貓壽司

 30~40分 2~3人份

材料

白飯 2碗

飯（紅色）少許

飯（綠色）少許

飯（黃色）少許

白色起司片 半片

海苔 半張

日式甜豆腐皮 6片

四季豆 3根

白醋 1大匙

砂糖 1大匙

鹽 少許

煎義大利麵 少許

（飯的著色方式可參考P.18）

作法

1。 2碗白飯加入醋、砂糖、鹽巴混合後分成12等份，各搓成圓形備用。

2。 將6片日式甜豆腐皮往內凹，並在凹洞內放入2個飯糰，做出六個小熊貓身體

3。 海苔片剪出小橢圓形，做出小熊貓的眼睛、手、腳，共需18個。（將2~3張海苔片疊在一起剪，可以一次完成多片喔！）

4。 先將眼睛分別黏上小熊貓的臉。

5。 海苔壓出小圓點、微笑曲線、短海苔直線，並黏在小熊貓臉上，做成可愛的小熊貓臉部（作法可參考P.25）。

6。 黏上手、腳之後，用煮熟的四季豆切半來當做熊貓的竹子。

7。 耳朵部分先放上圓形白色起司到海苔上，然後隨著起司的形狀將海苔一起剪成圓形就完成了。

8。 將飯混合成紅、綠、黃色後搓成小圓球，最後再用煎義大利麵串起來，可以變成可愛的小丸子。

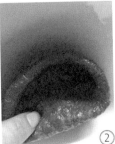

**便當設計** ❀❀❀❀
用生菜鋪底，讓可愛的三隻
小熊貓住進便當盒吧！

### 如何製作煎義大利麵？

將細的乾義大利麵
條放入加入少許沙
拉油的鍋內。用小
火煎煮義大利麵至
麵條重現金黃色就
馬上關火取出。

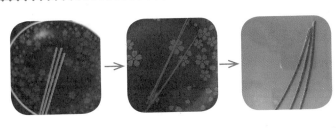

# 烘烤法式吐司

 **40分**  **2~3人份**

## 材料

吐司 6片

雞蛋 3顆

牛奶 100g

香蕉 1根

奇異果 1個

砂糖 1大匙

香草精 少許

奶油 2大匙

巧克力醬 少許

草莓醬 少許

楓糖 酌量

肉桂糖粉 酌量

## 作法

1。 雞蛋、牛奶、砂糖、香草精倒入碗裡,攪拌均勻,完成蛋汁。

2。 將4片吐司相疊之後,切成3等份。

3。 把切好的吐司每一塊都均勻沾上蛋汁後,放在烘焙紙上。放入烤箱用180℃烤5分鐘。

4。 打開烤箱在每一塊吐司上塗抹奶油,關上烤箱再繼續烤2~3分鐘。

5。 等吐司稍微烤成咖啡色後翻面,塗上奶油後烤約5~6分鐘。等到2面都著色後就可以從烤箱取出。

6。 剩下的2片吐司去邊,剪出小兔子的形狀後,用巧克力醬畫出眼睛和用草莓醬點綴腮紅。(作法可參考P.25)

7。 把作法3完成的烘烤法式吐司擺到盤子上,放上切好的水果後撒上肉桂糖粉和楓糖,最後將小兔子擺在旁邊。

# 給寶貝的愛心

 🕐 **30**分 ☕ **2**人份（輕食）

## 材料

**小愛心**

> 白吐司 2片
>
> 草莓醬 約2～3小匙
>
> 巧克力醬 少許

**熱氣球**

> 小番茄 切半1個
>
> 巧克力醬 少許

**樹幹**

> 小黃瓜切片 半根
>
> 煎義大利麵 約10根
>
> 鹽巴 少許

**雲朵、太陽、草地**

**盪鞦韆、足球**

> 白色起司片 半片
>
> 黃色起司片 1/4片
>
> 花椰菜 1/3束
>
> 煎義大利麵 1根
>
> 鹽巴 少許
>
> 巧克力醬

## 作法

**小愛心**

1。 吐司去邊後用棍棒壓平，在上面劃出愛心後剪下，並塗滿草莓醬。

2。 在愛心上使用巧克力醬在上面畫出眼睛、嘴巴。

3。 將小愛心們放到盤子上後，再用巧克力醬在盤子上畫出手腳。

**熱氣球**

4。 小番茄切半擺平在盤上，下面加上2小根煎義大利麵和1片方形起司。

**其他裝飾**

5。 樹葉：小黃瓜的邊緣稍微剪出鋸齒狀

　　樹幹：煎義大利麵

　　雲朵：白色起司片

　　太陽：黃色起司片

　　足球：白起司片加巧克力醬

　　盪鞦韆：折成小根的義大利麵

　　草地：燙熟花椰菜（可適量加上鹽巴或是沙拉醬佐料）

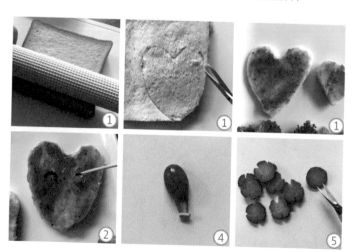

# 開動飯糰

 20~30分　🍵 3人份

**材料**

白飯 約1碗半

飯（咖啡色）約1碗半

海苔 半張

美乃滋 少許

＊飯糰餡料 適量

（餡料作法可參考P.26）

（飯糰著色方式可參考P.18）

**作法**

1。 將白色飯、咖啡色飯各分成3等份，包入餡料然後各捏成圓形，以保鮮膜包起來備用。

2。 海苔用小刀劃成三角形後，用小剪刀剪下三角形邊緣（三角形大小要比飯糰小一點）。

3。 飯糰上塗上美乃滋後，將三角形邊邊貼上。

4。 剪下長方形海苔貼到三角形裡頭。

5。 海苔刮出叉子和湯匙的形狀，並在飯糰上塗上美乃滋後將湯匙、叉子海苔貼上。

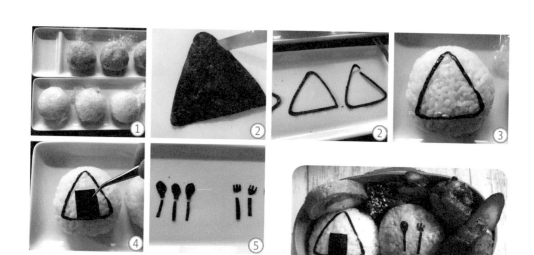

**便當設計** 🌸🌸🌸

在盒子內裝入兩顆飯糰，再放進配菜，營養滿分！

# chapter 2

# 寶貝的小冒險

孩子們最愛角色扮演了！

將他們的想像搬到餐盤上，對孩子們來說是很大的驚喜。

「好像我們在宇宙哦！」、「媽媽，妳看是忍者耶！」

看到餐盤裡頭呈現出來的情境，孩子們吃每一口的同時，

臉上也充滿著滿足的笑容。

# 宇宙外星人

 30~40分　 3人份

材料

白飯 2碗

飯（紅色）約半碗

飯（黃色）約半碗

黃色起司片 1片

白色起司片 1片

海苔 1張

肉餡 1碗半

（此食譜採用豬肉小魚餡）

蟹肉棒 1小根

小鳥蛋 2顆

（飯的著色方式可參考P.18）

作法

1。 在方盤內舖上1碗半的白飯，然後在白飯上倒上肉餡。

2。 鋪上調味過的紅色飯和黃色飯及少許白飯。

3。 用圓形模具割出圓形海苔，然後將海苔擺放在飯上，割除圓形的部位會露出底下米飯的顏色。

**小火箭**

4。 取約1/3手掌心份量的白飯，捏成錐狀。

5。 蟹肉棒紅色部位分別切割成長方形、圓形和2條長條狀。將切割好的蟹肉棒貼上的錐狀飯糰，再用保鮮膜包緊，做成小火箭。

6。 將煮熟的小鳥蛋貼上2個半圓形海苔，做成可愛外星人。

7。 黃色、白色起司片上割出小圓點、星星之後，放到盤內海苔上裝飾。

8。 然後將蟹肉棒白色部分圍繞在盤內海苔的周圍。小行星的形狀就出來了。

# 兔子獵蛋節

 30~40分　 3人份

材料

白飯 約1碗半

白色起司片 少許

黃色起司片 少許

火腿 半片

海苔 少許

小鳥蛋（煮熟）8顆

豌豆仁 約8～10顆

甜碗豆莢 2～3片

紅蘿蔔 少許

煎義大利麵 4小根

作法

**彩色蛋**

1. 準備小洞洞模具或是硬吸管，將小鳥蛋的蛋白部份壓出圓形。

2. 在火腿、黃色起司片、碗豆莢（煮熟）上也一樣用吸管壓出小圓形。

3. 將火腿等圓形取下後放到小鳥蛋的空隙裡頭，做成可愛的彩色蛋

**小兔子**

4. 取白飯一碗平分後，捏成兩個三角形，用海苔、黃色起司片、火腿，做出小兔子的可愛表情（作法可參考P.25）

5. 用1大匙的白飯，捏成圓柱狀。插到小兔子頭部上固定成兔子的耳朵（作法可參考P.17）。

6. 在火腿上剪出類似耳朵形狀的橢圓形，放上兔子的耳朵上，再用白色起司片做各種不同的裝飾。

7. 最後用豌豆莢裡的小豆子做兔子的頭部裝飾。

②

③

③

③

④

④ ⑤ ⑦

# 山裡頭的可愛小鬼 ⏰ 30~40分 ☕ 4人份

**材料**

飯（綠色）1碗半

飯（粉紅色）1碗半

飯（黃色）1碗半

黃色起司片 5片

白色起司片 半片

海苔 1/4張

魚丸 2顆

鰹魚酥 少許

番茄醬 少許

煎義大利麵 2根

（飯的著色方式可參考P.18）

**作法**

**可愛小鬼**

1. 每一個顏色的飯各分為3等份，然後各捏成三角形。

2. 將黃色起司片裁成約作法1飯糰的一半大小的方形大小，以及海苔模具壓出的小鬼五官（用小剪刀也可以）。

3. 把黃色起司片放到飯糰上包住，然後放上眉毛、眼睛、嘴巴。

4. 用小剪刀將海苔剪出不規則條狀後貼到黃色起司片上。

5. 把白色起司片剪成小三角形，再貼上少許鰹魚酥和不規則海苔線條，再貼到小鬼頭上。

6. 用牙籤沾少許番茄醬做為可愛小鬼們的腮紅，小鬼飯糰就完成了！

**刺刺丸**

7. 將魚丸煮熟後插上折短後的義大利麵，點綴在盤子內。

②　③　④　⑤

**便當設計** ❀❀❀
把可愛的小鬼裝進
便當盒內，用肚子
收服它們吧！

# 森林中的小獵人

 30~40分   2~3人份

## 材料

### 培根草菇飯

米 2杯

水 2杯米份

草菇 約50g

培根 3條

### 小獵人

日本甜豆皮 2塊

白飯 1碗

海苔 少許

鰹魚酥 3大匙

火腿 少許

白色起司片 少許

美乃滋 少許

### 背景

海苔 半張

黃色起司片 少許

白色起司片 少許

## 作法

### 培根草菇飯

1。 將2杯米加水、草菇、切細的培根一起煮。

2。 電鍋跳起後用飯匙稍微攪拌,取2碗份, 放入盤內鋪平。將半張海苔鋪到飯上。

### 小獵人

3。 把1碗份白飯分成2份,各揉成圓形,並放 入張開的甜豆腐皮中。

4。 將海苔壓出小獵人眼睛,並剪出睫毛、鼻 子與嘴巴,做出小獵人的臉。(作法可參 考P.23)

5。 再剪出一條長條狀的海苔,圍繞在豆腐皮 上做成帽子邊緣。

6。 使用模具在火腿上壓出小圓形,放到小獵 人臉上當做腮紅。(作法可參考P.24)

7。 沾一點美乃滋在甜豆皮邊緣,貼上鰹魚 酥。讓帽子看起來更立體!

②

②

③

④

⑤

⑥

⑦

⑦

# 海洋上的鯨魚

 30分　 2~3人份

材料

白飯 約3碗

海苔 1大張

白色起司片 少許

黃色起司片 半片

肉鬆 半碗

海苔酥 3大匙

甜豆腐皮 1張

火腿片 少許

胡蘿蔔片（煮熟）2片

作法

1． 在長方形分享盤內，中間部分鋪上1碗半白飯，然後在白飯上鋪上海苔酥和肉鬆。最後將剩餘的1碗半白飯鋪在最上層。

2． 海苔剪成容器中白飯大小，然後用小刀割出鯨魚形狀，鋪到白飯上。

3． 剩餘的海苔割出鯨魚噴的水，並放到鯨魚上端，並做出鯨魚眼睛（作法參考P.22）。

4． 鯨魚肚子部位貼上長條形白色起司，上面放上小段的海苔絲。

5． 甜豆腐皮剪出船的形狀，再用三角形的火腿片當船帆。

6． 黃色起司片壓成水滴狀之後，底部三角形部位用刀子切除並反過來放，裝飾上眼睛後，變成一隻小魚(可多做幾隻)。

7． 以切片和切段的胡蘿蔔組裝出太陽。

8． 加入配菜，組裝完成。

便當設計 🌼🌼🌼
把整體的比例縮小
後，就可以裝進便
當盒囉！

# 環遊世界小飛機 🕐 **30**分 ☕ **3~4**人份

## 材料

吐司 4片

黃色起司片 5片

白色起司片 少許

蛋白 2顆

蛋黃 2顆

生菜 少許

砂糖 1小匙

小國旗

（可以手繪或是電腦列印）

## 作法

1. 將吐司去邊後，沾上攪拌均勻的蛋黃汁，並疊上黃色起司片。

2. 蛋白加入砂糖後用攪拌器打發，分成4等分，分別放到鋪好起司片的吐司上。

3. 放入烤箱用150℃烤7～8分鐘後，從烤箱取出，可愛的雲朵就完成了。

4. 在黃色起司片上畫飛機形狀後取下。

5. 白色起司片切成小長方形，放到飛機上做飛機的窗戶。

6. 在烤好的雲朵上鋪上生菜後放上小飛機。

7. 小國旗黏在牙籤上，並插到雲朵上即可。

# 男孩最愛忍者村

小忍者在餐桌上對你招手，

不快來吃掉它們的話，

要對你射出海苔飛鏢囉！

# 男孩最愛忍者村 40分 2~3人份

材料

白飯 3碗

白色起司片 少許

海苔 1/4張

火腿 少許

日本甜豆腐皮 3片

蛋皮 1張

鹽巴 少許

白醋 2大匙

白砂糖 1大匙

美乃滋 少許

＊飯糰餡料

（餡料做法可參考P.26）

作法

1。 將全部白飯與醋、砂糖、鹽巴混合並攪拌均
勻，做成壽司飯。

2。 將壽司飯分成7等份，包入做好的飯糰餡
料，各捏成圓球形。

3。 取1片豆腐皮，將4角用小剪刀剪開、攤開，
放入1個飯糰，並把4邊拉往中間，中間要露
出白飯部分，完成忍者飯糰。

4。 將海苔剪出忍者頭髮、眉毛、眼睛，火腿壓
出忍者臉頰的腮紅，將它們都貼到忍者飯糰
上（貼法可參考P.23）。

5。 剪出一角有些彎曲的三角形共4個，並把這4
個三角形拼湊成1個忍者飛鏢形狀，中心沾
一點美乃滋，黏上一個白色起司小圓點，完
成飛鏢。

6。 每個忍者都給不同的表情組合吧！（表情組
合可參考P.22）

7。 除了豆腐皮忍者飯糰之外，其他飯糰可以用
海苔作成的飛鏢或其他圖形裝飾，也可以用
其他食材如蛋皮……等包覆飯糰。

**便當設計** ❀❀❀
一個便當盒剛好可以住進
兩個忍者小飯糰,快帶它
們一起出門冒險吧!

# 企鵝冰國

小企鵝在飯盤上蹦來跳去，
再不吃掉它們，
就要躲進蘋果冰屋裡頭囉！

# 企鵝冰國

 30分　2~3人份

## 材料

白飯 3碗

白色起司片 1片

海苔 1大張

火腿片 少許

熟小鳥蛋 1顆

小胡蘿蔔 1根

胡蘿蔔片（煮熟） 少許

青椒 少許

紅蘋果 半顆

美乃滋 少許

## 作法

1。 用1碗半的白飯製作一份平面底盤（作法參考P.39）。

**蘋果冰屋**

2。 紅蘋果切半，用小刀在蘋果皮上刮出圓弧狀，然後將皮去除。

3。 劃出縱、橫向線條，將部分蘋果皮挖出去除，做出格狀效果。

**小企鵝**

4。 取約1大匙白飯，捏成圓形備用。

5。 把海苔剪成飯糰直徑2倍長度的方型對折，然後剪成圖5的形狀再攤開，並用海苔將飯糰包起。

6。 每個小企鵝都需要準備3個小橢圓形胡蘿蔔（小企鵝嘴巴、腳丫子）、2個圓形火腿（小企鵝腮紅）、2片圓形海苔（小企鵝眼睛），並將它們黏到飯糰上，變成一隻可愛的小企鵝（作法可參考P.25）。

**帶殼小企鵝**

7。 煮熟的小鳥蛋蛋黃挖出並切半，邊緣剪成鋸齒裝放到作法6的小企鵝頭上。

**北極冰樹**

8。 是用小胡蘿蔔切半後上面貼上細長條狀海苔。

**松樹**

9。 在稍微燙過的青椒上割出樹的形狀。

10。將製作好的小企鵝、冰樹、松樹、冰屋等，放上作法1上的平面底盤後。用白色
　　起司片、海苔、小玉米筍裝飾即可！

**便當設計🌸🌸**

把小企鵝和蘋
果冰屋裝進便
當盒裡，就算
是夏天也覺得
涼快。

# 日本電車

 30~40分  2~3人份

## 材料

米 2杯

水 2杯

白色起司片 1片

海苔 1/4張

豬肉丸子 6～7顆粒

葡萄乾 15粒

生菜 5～6片

紅洋蔥 1/3顆

黃櫛瓜 半根

綠櫛瓜 半根

鹽巴 少許

洋蔥 少許

黑/白芝麻 少許

咖喱粉（甜味）2小匙

## 作法

1。 將2杯米倒入一般2杯份煮米的水，混入咖喱粉、葡萄乾、洋蔥、芝麻、鹽巴後開始煮飯，做出咖喱葡萄乾芝麻飯。飯鍋跳起後用飯匙將飯攪拌均勻，飯放入方盤內，中間留空。

2。 在中央的空隙裡頭依序放入生菜、豬肉丸子、蔬菜（烤紅洋蔥、黃櫛瓜、綠櫛瓜）。

3。 將海苔剪成細長條，圍繞在盤內週邊飯上，然後再將較短的海苔放到中間，完成電車軌道。

4。 將白色起司片切成6個長方形做為電車車廂，在其中5個長方形上貼上用海苔做成的小長方形當做電車的窗戶，再貼上海苔做成的線條讓電車成形，剩1個備用。

5。 將剩餘的1個長方形白色起司前端割出弧度，並貼上有弧度的海苔方塊和線條，變成了電車頭。

6。 把剩餘白色起司片壓出小圓形，做成電車的輪胎，輪胎中間在放上海苔剪成的小圓點。

7。 將電車擺進飯盤中，環繞著中間的肉丸子，完成！

便當設計

# 我是獅子王

🕐 20~30分　☕ 2人份

材料

飯（咖啡色）3碗

黃色起司片 1片

白色起司片 1/4片

海苔 少許

肉鬆 6大匙

＊餡料（餡料作法請參考P.26）

（飯的著色方式可參考P.18）

作法

1。 碗內放入餡料然後蓋上1碗半的飯。

2。 在碗邊鋪上肉鬆，將邊緣鋪滿。

3。 黃色起司片和白色起司片上割下獅子王的耳朵、眼睛、嘴巴。

4。 割好的起司片放到飯上，耳朵要在肉鬆處。

5。 在海苔上剪下獅子王的五官細節。

6。 擺放到起司片上，完成獅子王的臉（作法可參考P.25）。

7。 重複作法1～7，就可做出2碗獅子王飯囉！

# chapter 3

# 下午的輕食

孩子們每天放學都喊肚子餓～～

自從我開始在家中做小點心，

讓他們下課時馬上可以吃後，

每一次他們下課時就非常期待，

想要知道媽媽做了什麼可愛的餐點。

吃的營養、方便拿著食用，

是給寶貝下午點心的重點。

# 冰淇淋三明治

 30分　　 2人份

材料

吐司 4片

白色起司片 1片

黃色起司片 3片

海苔 少許

煎蛋 2個

生菜 2片

奶油 少許

作法

1. 吐司放在烤盤上烤至淡咖啡色。

2. 將全部吐司去邊。

3. 取2片吐司，塗一些奶油，夾入生菜、煎蛋、黃色起司1片。（也可以自己製作喜歡的餡料喔，餡料作法可參考P.26）

4. 以45度對切2次，會得到4個三角形三明治。

5. 用小刀在白色起司片上割出冰淇淋形狀後，上面用海苔加上眼睛、嘴巴。

6. 冰淇淋放到盤內的三明治上，做出一支可愛的冰淇淋。

7. 同樣作法再製作3個黃色起司三明治。

8. 再以黃、白起司圓點在上面裝飾，完成！

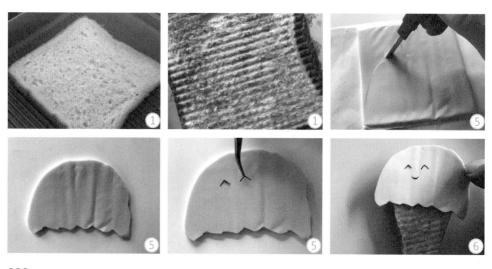

# 彩虹Pizza

60~80分　3~6人份

## 材料

### Pizza皮

高筋麵粉 280g

奶油 15g

砂糖 1大匙

牛奶 180ml

（天氣炎熱時請使用冰牛奶）

鹽巴 1小匙

酵母粉 3g

（鹽巴和酵母要分開放以免影響
發酵）

### 餡料

小番茄 10顆

橘色甜椒 1顆

紫色甜椒 半顆

（如果沒有紫色甜椒，使用茄子
也可以）

花椰菜 2~3顆

玉米 3大匙

起司 3~4片

## 作法

### Pizza皮

1. Pizza皮材料全部混合在一起（鹽巴和
   酵母粉要分開倒入），用手將麵糰揉均
   勻，約5~8分鐘。

2. 將揉好的麵糰放到容器裡頭，蓋上保鮮
   膜或是濕紗布，放到約35度的密閉空間
   裡頭發酵30~40分鐘，麵糰膨脹至約2倍
   大小。

   （家中如果沒有發酵箱，可以倒一杯熱
   開水放到家中的密閉式烤箱裡頭，再將
   麵糰放到同一個空間裡頭發酵）

### 烤Pizza

3. 在烤盤上塗一點油，取適量麵糰鋪平在
   烤盤內。上面放上起司。

4. 將Pizza餡料切丁，用紅、橙、黃、綠、
   藍、靛、紫的彩虹順序由外往內排。

5. 將Pizza放入預熱180℃的烤箱內烤約15
   分鐘。

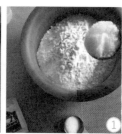

# 微笑甜甜圈

 30~40分 3人份

材料

鬆餅粉 120g

牛奶 60cc

蛋 1顆

砂糖 1大匙

無鹽奶油 10g

白巧克力 100g

黑巧克力 100g

白巧克力筆 少許

黑巧克力筆 少許

草莓果醬 少許

作法

1。 將鬆餅粉、牛奶、蛋、砂糖、無鹽奶油全部
全部倒入碗內攪拌均勻，做出鬆餅液。

2。 在甜甜圈模具裡頭稍微抹上一點沙拉油。

3。 每一格倒入約6、7分滿的鬆餅液。

4。 放入已經預熱180℃裡頭的烤箱烤15分鐘。

5。 用長竹籤插入甜甜圈，如果拿出後沒有看到
鬆餅液體就是烤好了。
（如果還有液體就放入烤箱再烤一下。）

6。 甜甜圈烤好後，從烤箱拿出冷卻。

7。 在火爐上，用2層鍋子隔水加熱白/黑巧克力
直到巧克力融化。將已經放涼的甜甜圈沾入
巧克力漿裡頭，然後放涼，直到巧克力變
硬，重複此作法，也做出白/黑巧克力甜甜
圈共6個。

8。 巧克力變硬後，用巧克力筆在上面畫出笑臉
和隨意畫出喜歡的裝飾，完成。

# 讀書寫字三明治

 30~40分　 3人份

## 材料

火腿 1片

白吐司 4片

全麥吐司 1/4片

黃色起司片 1片

白色起司片 1.5片

黑芝麻 10～15粒

海苔 少許

＊喜愛的餡料

（作法可參考P.26）

## 作法

1. 白吐司去邊，夾入喜歡的餡後切半，放入長方形分享盤內。

### 小書本

2. 全麥吐司去邊後稍微用手掌將吐司壓扁。

3. 將作法2的全麥吐司切半呈現長方形，並將小長方形吐司放到白色起司片上，用刀子切下一樣大小的白色起司。

4. 白色起司片包在內，將吐司對折稍微施力壓扁，外邊不平的地方切平，做成可愛小書。

5. 在書的外觀貼上用海苔壓出的「Book」等文字，再做一本攤開的書，內裡的文字用黑芝麻示意。

### 鉛筆

6. 黃色起司片、火腿裁成長條狀，當做鉛筆的筆身，並將白色起司片裁成三角形當做筆頭，黏上三角形的海苔當做筆芯。

7. 尾端的橡皮擦則用火腿和海苔製成。

8. 將製作好的書本和鉛筆放到三明治上裝飾。

白色起司片是內頁，全麥吐司是書皮，可愛小書完成囉！

除了「Book」字樣，也可以放自己喜歡的字樣。

可以做一本攤開的，上面用海苔、黑芝麻來做成內文。

用起司片、火腿、海苔組合成可愛鉛筆。

**便當設計** ✿✿✿
切兩塊放到便當盒中，再擺上書本與鉛筆，多有文藝氣質阿～

# 立體漢堡包

漢堡和薯條是垃圾食物？
教你做出健康又清爽的版本！

# 立體漢堡包

 **30**分　　　 **3**人份

材料

圓形餐包 4個

漢堡肉 4塊

白色起司片 1片

海苔 少許

火腿 少許

番茄 4片

生菜 4片

蘋果 2塊

美乃滋 少許

作法

**小漢堡**

1。將餐包切半。

2。準備橢圓形白色起司1片、橢圓形海苔1片、圓形海苔2片、直條海苔1段，組合成小熊的臉部（作法可參考P.25）。

3。壓出2片白色起司圓形和2片火腿圓形。

4。在餐包上塗上一點美乃滋後貼上起司和海苔。

5。在餐包上用刀子劃出耳朵的位子後，將作法2的圓形起司插入，上面再擺上圓形火腿，完成耳朵。

6。最後在餐包內夾入煎好的漢堡肉、番茄、生菜就完成了！

7。用作法1～6可以重複做出小貓咪漢堡包，小貓咪耳朵是三角形，鼻子和鬍鬚也使用不同模具即可。

**蘋果薯條**

8。切2小塊帶皮蘋果。

9。蘋果果肉中心挖空。

10。挖出來的蘋果切成細條狀。

11。在蘋果皮上用小刀刮出想要的文字或是形狀。

12。最後將蘋果條放入空心內就完成超可愛的蘋果薯條！

# 可愛時鐘三明治

🕐 **30~40分** ☕ **2~3人份**

## 材料

白吐司 5片

黃色起司片 1片

白色起司片 1片

火腿 少許

海苔 少許

蛋 3顆

菠菜 2根

番茄 半顆

胡蘿蔔（煮熟） 8小片

美乃滋 少許

鹽巴 少許

## 作法

1. 將蛋、菠菜、切碎的番茄、1片黃色起司片、半片白色起司片一起切碎，一同放入碗內，撒上鹽巴攪拌均勻。

2. 鍋內加一點沙拉油，中火加熱，將作法1的蛋汁倒入鍋內。

3. 煮1～2分鐘後轉成中小火煎煮，用牙籤插入蛋裡頭，沒有蛋汁沾黏在牙籤上就完成了。

4. 放涼後，用圓形模具將作法3的菠菜番茄起司蛋壓成4個大圓形，備用。

5. 用與作法4相同的圓形模具，壓出圓形白色吐司片8個，並在吐司中間夾入作法4做好的蛋。

6. 將剩餘的吐司皮用模具壓出小狗、小熊、兔子耳朵和小雞的雞冠。

7. 做出每個小動物的表情（作法可參考P.22），小雞的嘴巴用圓形火腿切半放上，小雞的腳是用小6根海苔細條拼湊而成。

8. 壓出16個較小的圓形吐司，兩個為一組，中間塗上草莓果醬夾心，外觀放上胡蘿蔔蝴蝶結裝飾。

便當設計 ❀❀
用生菜鋪底後，
放進兩隻可愛的
小動物，帶出門
吧！

# chapter 4

# 你一碗，我一碗

這是日式丼飯的概念～可愛的分食主義！

看看朋友的碗裡面裝了什麼，

再發現自己的碗裡頭放了什麼。

互相發現不同的地方，分享自己碗內的趣味。

然後，每一口，都有不同的風味。

# Hello！咖哩飯

 40分　　2人份

材料

白飯 2碗

海苔 1/5張

火腿 半片

白色起司片 半片

水煮蛋 2個

雞肉絞肉 100g

咖哩塊 4小塊

（此食譜使用日本兒童咖哩塊）

馬鈴薯 3顆

紅蘿蔔 半根

洋蔥 半個

水 足夠掩蓋所有材料的分量

作法

1。 將馬鈴薯、紅蘿蔔、洋蔥切丁。

2。 鍋子內加入沙拉油，開中火等鍋內變熱。

3。 將馬鈴薯、紅蘿蔔、洋蔥、絞肉放入鍋內，轉大火快炒，等肉變色後轉成中火，然後倒入水用中火煮至食材變柔軟。

4。 放入咖哩塊攪拌至融化，轉小火再煮10分鐘就可以關火，好吃的咖哩就完成了。

5。 在兩個圓盤中心各放入1碗白飯，不要鋪平，讓它保持圓球狀，並把做好的咖哩分別倒入盤中，圍繞白飯週邊。

6。 用模具在白色起司片和火腿上壓出小熊的眼睛、腮紅、蝴蝶結。

7。 在海苔上剪出眼睛、鼻子、嘴巴的形狀，擺放到飯上和咖哩上。

8。 最後將水煮蛋切半，放到盤緣上做為小熊的耳朵。

# 熊熊肉燥飯

 30分　　 2人份

材料

白飯 2碗

白色起司片 半片

黃色起司片 少許

海苔 少許

火腿 少許

肉燥 1碗

番茄醬 少許

作法

1。 白飯放入碗中，用錫箔紙蓋在碗面上。

2。 錫箔紙接觸碗邊的地方壓出圓形痕跡，將錫箔紙拿下。

3。 在錫箔紙的圓圈痕跡內，用牙籤刮出小熊的臉部形狀，然後取下。

4。 將錫箔紙沿圓形輪廓剪下，擺放到碗中的飯上。

5。 將肉燥鋪在碗內錫箔紙沒有覆蓋的地方，然後將錫箔紙取出。小熊形狀就成形了！

6。 用大小不同的模具在白色起司片上壓出小熊鼻子、眼睛、腮紅，在腮紅點上一些番茄醬，讓小熊更加可愛。

7。 用模具做出眼睛、鼻子部位的細節海苔，放到白色起司片上（作法可參考P.25）。

8。 用剩餘黃色起司片壓出可愛形狀裝飾於碗內，完成！

# 愛睡小兔鮭魚飯

 30~40分 2人份

## 材料

白飯 3碗

白色起司片 1片

海苔 少許

鮭魚 3片

蛋皮（小玉子鍋大小）2片

小番茄 6顆

小胡蘿蔔 1根

生菜 少許

醬油 1大匙

番茄醬 少許

煎義大利麵 4小根

## 作法

1. 鮭魚放入有抹油的平底鍋裡頭，用中火煎，加入醬油後煎到熟為止。

2. 碗裡頭放入1碗白飯，上面鋪上生菜、番茄，再放上作法1煎好的鮭魚。

3. 將煎好的蛋皮用模具壓出數個星星形狀，取出壓好的星星。

4. 在白色起司上一樣用作法3的星形模具壓出幾個星星，放到剛剛蛋皮中空缺的位子，並鋪在飯上。

5. 取半碗白飯的分量，分別捏成1個圓形（兔子臉部）、2個小圓形（兔子的手）、長條狀（兔子耳朵）。（作法可參考P.20）放到碗內拼湊成小兔子。

6. 用模具壓出兔子的眼睛、鼻子，貼兔子臉上，再用番茄醬點上變成可愛的腮紅。（作法可參考P.24）

7. 小胡蘿蔔可以讓小兔子抱著！睡著也不忘記愛蘿蔔，更可愛了！

# 小金魚蓋飯

 30~40分　　2人份

材料

白飯 2碗

白色起司片 少許

海苔 少許

豬絞肉 180g

茄子 半條

小黃瓜 6片

生菜 少許

小番茄 3個

砂糖 1大匙

鹽 1小匙

醬油 2大匙

作法

1。 鍋內加少許沙拉油後放入豬絞肉用中大火炒，加入砂糖和鹽巴攪拌。

2。 加入切丁茄子一起炒，火轉至中火然後加入醬油煮至茄子柔軟為止。

3。 飯碗裡頭先加入約半碗飯的份量，再放上作法2做好的肉餡，並在最上層鋪上半碗的白飯。

4。 在白飯上放上一些生菜和切片的小黃瓜。

5。 小番茄切半，一邊做為小金魚的身體，另一邊則切成片狀，來當做小金魚的尾巴，將其中一片切一半，來當做小金魚的側鰭。

6。 將2片圓形白色起司片貼到小金魚身體上作成眼睛部位，然後上面再放上圓形海苔，小金魚就完成囉！

7。 完成的小金魚們放到飯上就即可。

 ②  ③  ③  ④

⑤

⑦

**便當設計** ❀❀❀
讓小金魚游
進便當盒內
吧，搭配生
菜好清爽！

# 太陽與花肉醬麵

  30分　　2人份

## 材料

義大利麵 250g

火腿 半片

海苔 少許

蛋 2顆

豬絞肉 150g

胡蘿蔔（煮熟）1片

甜碗豆莢 1片

洋蔥切丁 半顆

番茄切丁 半顆

起司粉 1大匙

義大利麵醬（番茄底）約400ml

鹽巴 1小匙

胡椒 適量

## 作法

1。 鍋內放入沙拉油，放入洋蔥丁、豬絞肉、番茄丁，用大火炒至肉變色，轉中火。

2。 加入鹽巴、義大利麵醬，燉煮10～15分鐘，最後加入義大利麵。

3。 撒上胡椒、起司粉，完成一份義大利麵。

4。 煎好2顆荷包蛋，放到煮好的麵上。

5。 火腿壓出6～8個圓形，然後將每一個圓形切半，圍繞荷包蛋的蛋黃外圍，完成花的花瓣。

6。 將甜碗豆莢切半，剪出葉子形狀和葉梗形狀，放到花瓣下緣。

7。 將海苔剪出眼睛嘴巴，貼到蛋黃中間。

8。 重複3～5的作法，可以做出太陽款，只需將半圓形火腿換成三角形胡蘿蔔。

⑤　　⑤　　⑤　　⑥

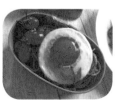

⑥

⑦

⑧

便當設計 🌸🌸

115

# 小熊野餐會

小熊拉著氣球要出去玩，

還不快拿起刀叉跟上它～

# 小熊野餐會

30分　　2人份

## 材料

### 小熊

白吐司 4片

花生醬 2～3大匙

圓形巧克力（Hershey's） 2顆

巧克力醬 少許

帶皮紅蘋果 2片

### 氣球

小番茄 6顆

巧克力醬 少許

### 太陽

水煮蛋 1顆

黃色起司片 半片

## 作法

### 小熊

1。用圓口杯子在吐司中央壓下，取出圓形吐司，吐司邊備用。

2。另外一塊吐司剪出小熊下半身。

3。吐司塗滿花生醬。

4。將吐司邊壓出半圓形2個（小熊耳朵），然後切下2塊細長條長方形（小熊的手）。

5。把頭、身體、耳朵、手部拼湊在一起。

6。再用剩下吐司剪一塊半橢圓形，當做小熊嘴巴週邊的形狀。

7。蘋果切薄保留紅色外皮部分，然後用小刀在蘋果皮那面刮出幾條橫條。把部分蘋果皮移除，放到小熊脖子上變成圍巾。

8。用巧克力醬，畫出小熊眼睛和鼻子的直線條，然後放上圓形巧克力當小熊的鼻子。

### 氣球

9。然後將小番茄切半後，放到盤子上當做氣球。

10。沾一些巧克力醬，在盤子上畫出氣球線。

### 太陽

11。水煮蛋切半放到盤子上後，擺上黃色起司條。

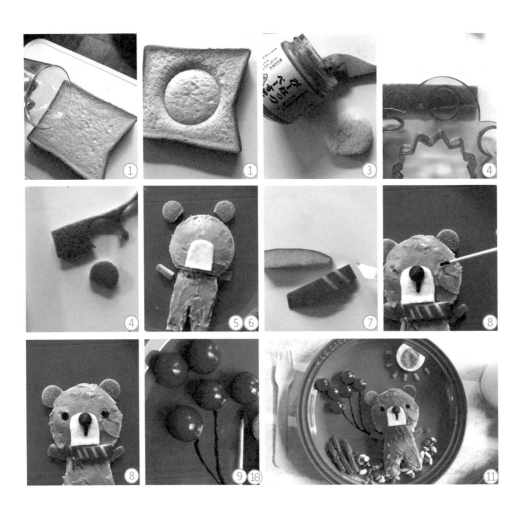

# 微笑蛋包飯

🕐 **30**分　　☕ **2**人份

材料

白飯 2碗

海苔 少許

胡蘿蔔（煮熟） 4小片

蛋 1顆

熱狗 5小根

冷凍蔬菜 半小碗

南瓜 3～4片

鹽 1小匙

糖 1大匙

醬油 2小匙

番茄醬 2大湯匙

沙拉油 少許

作法

1。 鍋內加入少許沙拉油，然後加入熱狗、蔬菜、南瓜等一起炒。

2。 南瓜變軟後放入白飯，用中火炒熱。

3。 再放入醬油、番茄醬、糖一起炒，最後用鹽巴調味，做出一份番茄炒飯。

4。 將蛋打勻，然後用濾網過濾蛋汁。

5。 鍋內抹上少許沙拉油，熱鍋後將火後轉成中小火，倒入蛋汁慢慢煎煮。

6。 等蛋的表皮差不多熟了之後就可以翻面，稍微煎一下就可以熄火，完成蛋皮。

7。 將作法3的番茄炒飯放入盤內，稍微調整成橢圓形，並蓋上作法6完成的蛋皮。

8。 在蛋皮上方放上用海苔做成的微笑嘴巴、眼睛、用胡蘿蔔壓成的腮紅，完成！

①

③

④

⑤

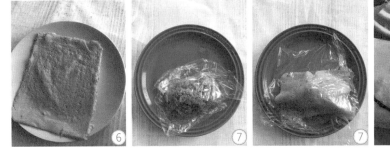

⑥　　　　⑦　　　　⑦　　　　⑧

# chapter 5

# 餐桌上的繪本

睡覺前，在床上陪同孩子們唸了故事書。

夢境裡頭，孩子們是不是也夢到了故事的內容呢？

一邊做著飯，在每一個階段孩子們也會過來參一腳。

看著盤內的內容，孩子們也不禁問：

「媽媽，這個小豬在做什麼啊？」

「小雞為什麼住在這裡？」

「沙灘上很多螃蟹嗎？」

盤子內充滿了故事。

孩子們的想像力讓盤內的角色好像在餐桌上活了起來。

# 三隻小豬

🕐 **30~40分**　　🥛 **3人份**

材料

白飯 3碗

火腿 1片

海苔 少許

豌豆 少許

蛋皮 少許

火腿 半片

粉紅醋飯粉 2大匙

鹽 少許

＊飯糰餡料

（餡料作法可參考P.26）

作法

1. 將約1碗半的白飯摻入粉紅色醋飯粉，攪拌均勻，將變成淡粉紅色的飯。

2. 作法1的粉紅飯分成4等份，其中的3份搓成圓形。剩下的1份再分為6等份，搓成圓形。

3. 每一個大圓形飯糰各準備2個三角形火腿、1個橢圓形火腿、1對海苔，做為耳朵、鼻子、眼睛。

4. 橢圓形火腿中間用吸管壓出2個圓洞，做出小豬的鼻子。

5. 將小豬的眼睛、鼻子，耳朵拼湊到飯糰上，完成可愛的小豬。（作法可參考P.25）

6. 取作法3的2個小圓形飯糰放在前面，當做小豬的手。

7. 剩下來的1碗半白飯與豌豆、火腿、蛋皮、鹽攪拌均勻，分別捏成3等份的圓球狀，各別插放在小豬們中間。

# 動物飯糰Pizza

可愛的小動物們聚集到 Pizza 上面開派對了，
你想先跟誰跳舞呢？

# 動物飯糰Pizza

 **30**分　　**3**人份

材料

白飯 約1碗半

飯（紅色）約半碗

飯（黃色）約半碗

飯（咖啡色）約半碗

飯（橘色）約半碗

黃色起司片 2片

白色起司片 半片

火腿片 少許

海苔 少許

肉排/漢堡肉 2～3塊

生菜 2～3片

胡蘿蔔（煮熟）少許

煎義大利麵 1根

（飯的著色方式可參考P.18）

作法

**Pizaa底層**

1。 用1碗白飯製作一份平面底盤（做法可參考 P.39）

2。 把黃色起司片切成6等分然後平均鋪在飯上，並鋪上生菜、煎熟的漢堡肉。

**Pizza上層**

3。 將不同顏色的飯（紅、橘、黃、咖啡、白）均勻鋪放在圓平底盤內。

4。 壓平後從圓盤內倒出，放在Pizza底層上。

**咖啡色小熊**

5。 在咖啡色飯上用海苔、白色起司片做出眼睛、鼻子並貼上（作法可參考P.25）。

6。 咖啡色飯搓2個小圓球，固定在咖啡色飯上做成耳朵（作法可參考P.17）。

7。 用白色起司片和海苔做一個蝴蝶結給小熊（作法可參考P.37）。

**熊貓**

8。 在白色飯上用海苔做出眼睛、嘴巴、鼻子並貼上（作法可參考P.25）。

9。 白飯搓成2個小圓球後用海苔包住，固定在白色飯上做成耳朵（作法可參考P.17）。

10。用白色起司片、海苔做出一條領帶給熊貓（作法可參考P.36）。

**黃色小熊**

11。咖啡色小熊的作法一樣，重複作法5～6。

12。用胡蘿蔔做出蝴蝶結給黃色小熊。（作法可參考P.36）。

**小豬**

13。在橘色飯上用海苔、火腿做出眼睛、嘴巴、鼻子並貼上（作法可參考P.25）。

14。用橘飯搓成2個小圓球，固定在橘色飯上做成耳朵（作法可參考P.17）。

**小兔子**

15。在粉紅色飯上用白色起司片、海苔做出鼻子、眼睛並貼上（作法可參考P.25）。

16。粉紅色的飯搓成2個小橢圓形，固定在粉紅色飯上做成耳朵（作法可參考P.17）。

17。用火腿、白色起司片做一個蝴蝶結給小兔子（作法可參考P.36）。

＊小動物們的腮紅可以統一用胡蘿蔔做成（作法可參考P.24）

便當設計 ✿✿✿

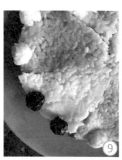

# 向日葵田的夏日

天氣好熱好熱，好想吃西瓜！

咦？飯盤上的小人也在吃西瓜耶～

快跟他們比比看誰吃得快！

# 向日葵田的夏日

 40分   3~4人份

## 材料

### 小寶貝飯糰

飯（咖啡色）1碗

海苔 1/4張

美乃滋 少許

＊飯糰餡料

（作法可參考P.26）

### 向日葵

小熱狗 2根

蛋皮 1片（約15x20cm）

海苔 少許

甜豆莢 2個

### 西瓜

小黃瓜 1片

蟹肉棒 1/3根

黑芝麻 6顆

美乃滋 少許

## 作法

1。用一碗白飯和餡料做出夾心底盤（作法可參考P.40）

### 小寶貝

2。淡咖啡色飯分成3等份，2份捏成圓形（頭部），剩餘的1份再分成4等份，各別捏成圓形（手）。

3。取1/8海苔，做出頭髮、五官，並黏在作法2的大顆飯糰上，做成小寶貝（作法可參考P.23）。

### 向日葵

4。先做出一份紋路小熱狗B（作法可參考P.35）。

5。用蛋皮把蛋皮花的前置動作做完，但不要做最後的圍繞動作（作法可參考P.31）。

6。將割好的蛋皮圍繞紋路小熱狗B，做出一朵向日葵。

7。海苔切成長長的直線條來當做莖，葉片部份可以用四季豆或是甜豆莢做成（此處使用甜豆莢）。

### 小西瓜

8。小黃瓜片切半。

9。蟹肉棒紅色部位壓出一個和小黃瓜大小差不多的圓形，然後也切半。

10。將半圓形蟹肉棒放上半圓形小黃瓜上，再點上黑芝麻，小西瓜完成。

# 歡樂運動會

 **40**分　　 **2~3**人份

材料

白飯 3碗

海苔 半張

火腿 少許

蟹肉棒 1條

美乃滋 少許

白海帶酥/鰹魚酥 少許

＊飯糰餡料

（餡料作法可參考P.26）

作法

**小寶貝**

1。 先將1碗半白飯分成2份，各捏成三角形。

2。 蟹肉棒取下紅色部位，分成3條長條。

3。 海苔、火腿做成五官、腮紅，並貼到三角飯糰上（作法可參考P.23）

4。 用一條作法2的長條貼在飯糰上，當做髮帶

5。 頭頂黏上些許白海帶酥/鰹魚酥，做成頭髮。

6。 重複作法1～5，再製作一個小寶貝。

**足球與籃球**

7。 將剩下的1碗半白飯分成4份，各捏成圓形。

8。 用海苔剪出數個小五角形，貼到2個小圓球飯糰上，做成足球（一顆足球大概需要約7～8個五角形）。

9。 把作法2的紅色長條貼在剩下的2個小圓球飯糰兩側，做成籃球。

③

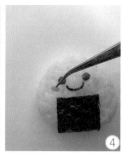
④

④

⑦

⑦

⑧

便當設計
帶上足球
與棒球，
出發前
往運動會
啦～

# 小雞起司通心麵

 30分　　 3~4人份

材料

通心麵 約200g

海苔 1小片

黃色起司片 2片

白色起司片 3~4片

生鮭魚切塊 3片

牛奶 180cc

墨西哥餅皮 1片

胡蘿蔔 少許

洋蔥切丁 半顆

小番茄 約10顆

花椰菜 4~5朵

生香菇切丁 2朵

沙拉油 少許

鹽巴 1小匙

作法

**鮭魚通心麵**

1。 花椰菜、小番茄、洋蔥切碎，鮭魚切小塊，香菇切片。

2。 鍋內倒入少許沙拉油，先放入香菇和洋蔥一起炒。

3。 轉成中火後，再放入鮭魚一起炒。最後倒入花椰菜、番茄、牛奶，燉煮到沸騰。

4。 放入3片白色起司，待起司融化後加入少許鹽調味。

5。 加入煮好的通心麵，用中火煮約5分鐘即可關火。

**小雞**

6。 黃色起司片和墨西哥餅皮重疊，割出一個雞蛋的形狀。

7。 把底下的墨西哥餅皮抽出，切成一半，把邊緣割成鋸齒狀，做成蛋殼。

8。 將裁好的墨西哥餅皮分成兩塊，放在黃色起司片上下。

9。 把煮軟的胡蘿蔔片切成小三角形貼上當小雞嘴巴。

10。準備2片圓形海苔放上當小雞眼睛。

11。在煮好的作法5通心麵上，鋪上一點生菜，再放上完成的帶殼小雞就完成了！

①

把材料都先切
小塊。

②

先炒香菇和洋
蔥。

③

加入鮭魚。

③

加入花椰菜、
番茄、牛奶。

④

加白色起司片。

⑤

加入通心麵，
煮好關火。

⑥

割出雞蛋形狀。

⑩

幫小雞貼上五官。

**便當設計** ✿✿✿
便當盒內，小雞守
護著通心麵，快快
把他們都吃光吧。

# 小蜜蜂藝術花園

可愛的起司小蜜蜂飛翔在九宮格花叢內，

偷偷品嘗著每一格不同的味道。

# 小蜜蜂藝術花園

 30~40分　 2~3人份

材料

白飯 2碗半

火腿 1片

黃色起司片 1/4片

白色起司片 1/4片

海苔 少許

白醋 1大匙

雞肉絲 2大匙

煎吻仔魚 2大匙

鮭魚鬆 2大匙

鮭魚卵 1小匙

白砂糖 1大匙

蛋皮 半張

胡蘿蔔片（煮熟）6～7小片

小黃瓜圓形切片 10～12片

甜碗豆莢（煮熟）5～6片

小甜菜頭切片 9～10片

鹽巴 少許

作法

1。 將白飯混合醋、鹽巴、砂糖，做成壽司飯，然後倒入正方形分享盤裡頭鋪平。

2。 取一張和容器一樣長寬的錫箔紙，剪成9個均分的正方形，並將這9個錫箔紙方塊都蓋到飯上。

3。 把全部配料食材準備好放在旁邊，將方型錫箔紙隨機翻開一個，鋪上小黃瓜。

4。 重複作法3、4持續到每一個方塊都有鋪上食材為止。

5。 將黃色起司片壓出1個橢圓形，並在白色起司片上壓出2個圓形。並將兩者拼湊在一起，用黃色起司片當身體，白色起司片當翅膀，組成一隻蜜蜂半成品。

6。 在小蜜蜂半成品上放上剪好的身體線條和海苔眼睛，就完成一隻可愛的小蜜蜂了。

7。 重複作法5～6，就可以做出多隻小蜜蜂，再擺到飯盤上，完成！

便當設計 ✾✾✾✾
小小的便當，大概
只需要做三格就夠
囉，小蜜蜂一樣悠
遊自在～

# 日本和服娃娃

 **40分**     **2~3人份**

材料

飯（橘色）2碗半

海苔 半張

蛋皮 1張

蟹肉棒 2根

小松菜葉 2片

番茄醬 少許

煎義大利麵 1根

＊飯糰餡料

（餡料作法可參考P.26）

（飯的著色方式可參考P.18）

作法

1。 將飯挖出2大匙，預留在旁備用，剩餘的分成4等份，捏成大圓球。

2。 海苔分成3份，各剪出要做成頭髮的形狀（作法可參考P.23）

3。 作法1和作法2合併，做成一顆人頭。（作法可參考P.23）

4。 在做出的人頭上貼上海苔做的睫毛、眼睛、嘴巴，並用番茄醬點綴成腮紅。（作法可參考P.24）

5。 取出保留的飯，捏成小圓形。

6。 取作法2的1份海苔，剪成一半，包住小圓飯糰，然後固定在作法4的大飯糰頭上。

7。 用2片煮過的小松菜葉交叉包住一顆大圓球飯糰，領口和腰帶部位用蟹肉棒白色部位和海苔裝飾，固定在一顆做好的人頭上，完成一隻和服娃娃。

8。 另一隻和服娃娃的作法相同，只是將小松菜葉換成蛋皮。

剪出海苔頭髮。

將頭髮與飯糰
結合。

剪出不同的海
苔髮型。

做出不同髮型
的飯糰。

貼上五官表情。

做出一顆小圓球
並包上海苔。

插入人頭變成
髮髻。

用小松葉做出
和服。

**便當設計** ❀❀❀
可愛的和服娃娃在
對你揮手，它笑得
多麼燦爛～

# 沙灘上的小螃蟹

夏天到囉，不只你要去海邊玩，
連餐盤上的小寶貝也要到沙灘上跟小螃蟹一起玩呢！

# 沙灘上的小螃蟹　 40分　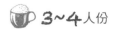 3~4人份

材料

白飯 2碗

飯（橘色）3/4碗

飯（綠色）1/3碗

飯（紅色）半碗

海苔 1/4張

火腿 1/4片

黃色起司片 半片

白色起司片 半片

鰹魚酥 2～3大匙

番茄醬 少許

美乃滋 少許

煎義大利麵 1根

＊餡料（餡料作法可參考P.26）

（飯的著色方式可參考P.18）

作法

1。 用2碗白飯和餡料做好一份夾心底盤（作法參考P.40），最後鋪上一層鰹魚酥做成沙灘。

**游泳圈**

2。 使用甜甜圈模具（可參考P.14），分開將1/3碗綠色飯和1/3碗紅色飯放入，將飯壓平後取出。

3。 取出後用條狀起司或是圓點起司做裝飾。

**小寶貝**

4。 將橘色飯分成3等份，2份捏成大圓球（頭部），剩餘的1份再分成4等份，捏成圓球。

5。 海苔和頭部飯糰做成小人頭，並用海苔和番茄醬做出五官（作法參考P.23）

6。 黃色起司片割成8字型，上面放上2片海苔圓點，做成小寶貝的泳鏡並貼上。

**小螃蟹**

7。 將剩下的紅色飯捏成扁三角形，做成身體。

8。 煎好的義大利麵折成8小支，分別插在紅色飯糰兩側（一邊4支），做成螃蟹的腳。

9。 用白色起司片和海苔做出小螃蟹的眼睛和嘴巴並貼上（作法參考P.25）

10。 把火腿壓出花形，做為小螃蟹的螯，並將它們組裝起來。

① ① ⑤ ⑤

⑥ ⑦⑧ ⑨

# 歡樂小雞窩

🕐 **30~40分**　☕ **2~3人份**

材料

白飯 2碗

飯（黃色）1碗

海苔 少許

肉塊　8～10塊

小鳥蛋 3～4顆

蛋黃 1顆

綠蘆筍 5根

胡蘿蔔　少許

甜豆莢 6～8個

鰹魚酥 1碗

煎義大利麵 10～15根

作法

1。 捏好好黃色的圓形飯糰6顆，利用海苔和胡蘿蔔做出可愛的黃色小雞（作法可參考P.25）。

2。 將蛋糕烤盤內部沾少許水後，鋪上2碗白飯。蓋上保鮮膜將白飯壓平後倒蓋到盤上。

3。 鰹魚酥均勻鋪在飯上，並在中央空隙裡頭放入煮熟的肉塊，接著在上方鋪上處理好的煎義大利麵、綠蘆筍、甜豆莢，布置成鳥巢的造型。

4。 最後布置好的鳥巢上方，放上煮熟的小鳥蛋與製作完成的可愛小雞，完成。

**便當設計** 🌸🌸🌸
用白飯撒上鰹魚酥，上方的肉塊與配料重新配置，再放入2～3隻小雞，就能變成可愛的小雞便當。

# 芭蕾公主飯糰

🕐 **30~40分**　☕ **2人份**

## 材料

飯（綠色）半碗

飯（粉紅色）半碗

飯（黃色）半碗

白色起司片 1又1/2片

黃色起司片 1/4片

海苔 少許

火腿2片

美乃滋 少許

＊飯糰餡料

（餡料作法參考P.26）

（飯的著色方式可參考P.18）

## 作法

1。 將每一個顏色的飯都各分為2等份，然後各包入餡料後捏成圓形擺放入盤內。

2。 飯糰上可用各式模具在火腿上壓出形狀裝飾飯糰，此食譜使用花型模具、蝴蝶結模具。

### 芭蕾公主

3。 火腿上刮出芭蕾公主衣服形狀。

4。 白色起司片壓出圓形，做為公主的頭部。

5。 將剛做好的火腿芭蕾舞服放到白色起司片上，依比例用牙籤劃出手部和腿部的形狀。

6。 用剛剛製作頭部的圓形器具，在黃色起司片上壓出一樣大小的圓形，劃出頭髮形狀，並把它放到公主頭上。

7。 切下一小塊火腿，放到白色起司片上的腿部尖端，做成公主的芭蕾舞鞋。

8。 最後貼上海苔眼睛，並將全部部位拼湊起來。

③

④

⑤

⑥

⑦

⑧

**便當設計**

3顆飯糰加上1個芭蕾舞公主,讓女孩子心花怒放。

# 英國小士兵

雄赳赳、氣昂昂的英國小士兵在餐盤上出現啦！
彷彿可以聽得到他們齊聲喊敬禮呢！

# 英國小士兵

 **40分**　　 **2～3人份**

## 材料

白飯 2碗

白色起司片 1片

海苔 1/2張

火腿 1片

蟹肉棒 3條

煎蛋 1顆

豬肉小丸子 4～6顆

花椰菜 3～5朵

胡蘿蔔 適量

奶油生菜 適量

蘋果 適量

番茄醬 2～3大匙

## 作法

### 小士兵

1。 將1碗白飯混入番茄醬，做成紅色飯。

2。 取紅飯1/4，捏成圓形，再取1/4的紅飯，用海苔將飯包起，捏成圓形，再把這兩顆圓球疊在一起，有海苔的部分是帽子，沒海苔的是臉部。

3。 在臉部用海苔做出表情，並用番茄醬點出腮紅（做法參考P.24）。

4。 把起司片切成條狀，圍繞小士兵的下巴（不夠長沒有關係！起司可以接龍！）。

5。 在起司條上在放上長條海苔，完成小士兵。

6。 重複1～5的步驟，再做一個小士兵。

### 英國巴士

7。 將1碗白飯捏成扁方形，上面鋪上蟹肉棒的紅色部分，並用保鮮膜將飯糰壓緊，做成車身。

8。 做出海苔方形和長條起司片，做成車身窗戶。

9。 剪出2個圓形起司、2片圓形海苔、4片細海苔條，組合成小輪胎。

10。 小刀劃出方形和長條起司片，擺放到巴士上，做成窗戶。

11。 把輪胎黏到巴士上，完成一台英國巴士。

12。 在盤中鋪肉、生菜、蔬菜，並放入小士兵、巴士和剩餘配菜，完成！

**便當設計** ✿✿✿
做出一個手繪的英
國國旗，讓小士兵
在便當盒內高舉國
旗吧！

155

# 草莓兄妹

 40分　　　 2~3人份

材料

飯（咖啡色）約2碗

蟹肉棒（小）4條

海苔 1/6張

黑芝麻 20～30顆

美乃滋 少許

＊飯糰餡料

（餡料作法可參考P.26）

作法

1。 飯分成2份，包入餡料，各揉成圓形。

2。 取2根蟹肉棒的紅色部位。

3。 海苔剪出頭髮、眼睛、嘴巴的形狀。

4。 將海苔剪出的頭髮貼到飯糰上，再沾一些美乃滋，用蟹肉棒包住飯糰頂部。

5。 在飯糰臉上貼上眼睛和嘴巴（作法可參考P.23）。

6。 在上方紅色部分黏上一顆顆的黑芝麻。

7。 放入盤中擺入配菜，完成！

②③

④

⑤

⑥

**便當設計** ✿
草莓妹妹自己
跑到便當盒內
來玩囉，快來
抓它～

# 葉子上的小瓢蟲

 **30**分　　 **3**人份

材料

白飯 2碗

白色起司片 少許

火腿 少許

海苔 少許

胡蘿蔔（煮熟）少許

生菜 2～3片

甜豆莢（煮熟）少許

豌豆（煮熟）6～8顆

甜菜葉根 2根

小番茄 4顆

黑芝麻 8顆

美乃滋 少許

作法

1。用2碗做出白飯底盤後（作法參考P.39），把底盤切成6等份。

2。在飯盤上鋪上生菜，放上圓形的胡蘿蔔、豌豆、切開的甜豆莢。

3。將煮熟的胡蘿蔔和火腿壓出花的形狀後，放到白飯上。

4。在花朵下面接上甜菜葉根，然後在花朵中間放上白色起司圓點。

**小瓢蟲**

5。小番茄長邊切半，一半貼上海苔，然後將海苔剪成符合小番茄前端的形狀。

6。海苔剪出與小番茄未貼海苔部位長度一樣的細長條，然後貼在小番茄後端正中間。

7。剩餘的位子貼上小圓點海苔，做出小瓢蟲，最後用白色起司和黑芝麻為它做出眼睛（作法參考P.22）

8。將完成的小瓢蟲擺到生菜上。

①

②

④

⑤

⑥

⑦

# 賞櫻午睡飯糰

 **40分**　 **2人份**

材料

白飯 2碗

飯（咖啡色）1碗

白色起司片 1.5片

海苔 半張

火腿 1片

鮭魚 3大匙

小松菜 2根

鹽巴 少許

煎義大利麵 1根

（飯的著色方式可參考P.18）

作法

1. 將2碗白飯分為6份，其中3份先捏成長橢圓形，用海苔將中央部分包起來，另外3份加入煮熟的鮭魚和切碎的小松菜，再加入少許鹽巴調味，也捏成長橢圓形。

2. 用櫻花模具在火腿和起司上壓出櫻花形狀，並布置到飯盤內。

**偷看小熊**

3. 把1碗的咖啡色飯依照1：3比例，分成2份，把比例1的飯糰，再分成5份，各捏成圓球，做成小熊的頭、2個耳朵、2隻手（頭的那份需要多一點飯）。

4. 將2個耳朵固定在小熊頭上，並用白色起司、海苔做出小熊的五官（作法參考P.25）

**愛睡小熊**

5. 把作法3的比例3飯糰分成8份，各捏成圓球，做成小熊的頭、2個耳朵、2隻手、身體、2隻腳（頭和身體的2份需要多一點飯）。

6. 將2個耳朵固定在小熊頭上，並用白色起司、海苔做出睡覺小熊的表情（作法參考P.22）。

# 熊熊家族吐司捲

 **30分**　　 **2~3人份**

材料

白吐司 6片

白色起司片 3片半

火腿 3片

海苔 少許

蛋黃 1顆

番茄醬 少許

花生醬 3大匙

美乃滋 少許

作法

1。 將吐司全部去邊後，用棍棒壓平，吐司邊放一旁備用。

2。 取3片吐司，鋪上白色起司片和火腿後捲起，另外3片吐司則塗上花生醬後捲起。

3。 將吐司捲全部放入盤內，上面輕輕刷上蛋黃，放入烤箱用150℃烤5~8分鐘，直至吐司外層烤到稍微變色就好。

4。 把吐司邊壓出半圓形，放到烤好的吐司捲上變成熊熊的耳朵。

5。 使用白起司和海苔做出熊熊的鼻子並貼上，腮紅用番茄醬點綴（作法可參考P.25）

6。 每一隻熊熊都可以做成不同表情喔！

①

②

②

③

便當設計🌸
取3捲放入
便當盒，大
小剛好，吃
飽又吃巧。

163

# chapter 6

# 在這特殊的日子裡

每一年都有幾天特別的日子。

或者,每一天都是特別的日子。

在這些日子裡頭,

在餐桌上也不漏掉給家人們的驚喜。

這是一家人餐桌上的小確幸。

# 爸爸，我們愛你！  30~40分  2人份

材料

全麥吐司 4片

白色起司片 半片

黃色起司片 2又1/2片

海苔 少許

煎蛋 2個

蟹肉棒 1小根

煎雞排 2塊

生菜 3～4片

小番茄 4～5個

作法

1。 在白色、黃色起司片上各壓出一樣大小的圓形，然後將2片起司重疊。

2。 在黃色起司片上劃出頭髮形狀後將剩餘的黃色起司取走。

3。 準備蟹肉棒的紅色部分，用愛心模具壓出愛心後將愛心放在作法1的白色起司片下方，小寶貝的外觀就完成了。

4。 用2小塊圓形白色起司做成小人偶的手，抱著愛心，就完成了一個抱著愛心的小寶貝。

5。 重複作法1～4做出另外一個寶貝。

6。 最後在臉上貼上用海苔做的五官，就完成了抱著愛心的孩子們！（作法可參考P.23）

7。 三明治部份可以自由發揮，此食譜三明治裡頭所包的餡料是使用全麥吐司夾雞肉、起司、煎蛋、番茄、生菜。

①

①

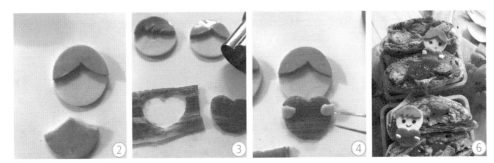

②　③　④　⑥

# 媽咪，給妳愛心給妳花

 **20~30分**　 **2~3人份**
（水果，非正餐）

**材料**

紅蘋果 2大片

藍莓 20顆

草莓 6～8顆

西瓜 1大片

綠色葡萄 2小串

奇異果 1顆

**作法**

1。 切片的蘋果上用小刀割出花瓣形狀，做出花朵的外觀。並在花朵中央放上一顆藍莓，然後花朵下方接上約5顆藍莓，當做花莖。使用綠色葡萄來當做樹葉。

2。 將草莓切半，草莓頭的部位割出小三角形，讓草莓變成一個愛心狀。

3。 用愛心模具在切片西瓜上印出愛心形狀，將裡頭的愛心拿出放在旁邊。空出來的位子可以放入其他水果增添色彩，此食譜放入草莓以及藍莓。

# 聖誕節麋鹿小漢堡

材料

圓形餐包 25個

小漢堡肉 25塊

（和餐包大小相同）

生菜 25片

黃色起司片 13片

迷你蝴蝶結餅乾 25個

白芝麻 約3小匙

咖啡色巧克力筆 少許

紅色巧克力筆 少許

奶油 少許

作法

1。 將圓形餐包從中間切半，夾入煎好的漢堡肉、生菜、黃色起司片。

2。 將上層的餐包取下，微塗些融化的奶油在2側，撒上些白色芝麻。進烤箱稍微烤一下（約2～3分鐘就好）。

3。 將上層餐包餐包從烤箱取出放涼。

4。 在涼的餐包上用咖啡色巧克力筆畫上麋鹿的眼睛、用紅色巧克力筆畫上鼻子。

5。 把蝴蝶結餅乾從中剝成一半，插到餐包上方。麋鹿漢堡完成！

6。 做越多個越能在派對共享。

# 萬聖節分享盤

一年一度的西洋鬼節來囉，什麼？

可愛的小鬼跑進餐盤裡啦～

# 萬聖節分享盤

 40分　　 2～3人份

## 材料

### 盤內配菜

秋葵 3～4根

玉米 2塊

胡蘿蔔 1小條

花椰菜 6～8朵

豬肉丸子 4～6顆

地瓜 半條

小鬼形狀餅乾 適量
（在超市買的）

### 黑貓材料

白飯 3/4碗

海苔 1/4張

白色起司片 半片

黃色起司片 少許

＊餡料
（作法請參考P.26）

### 小熊巫婆材料

飯（黃色） 3/4碗

白色起司片 1/4片

黃色起司片 少許

海苔 少許

黑芝麻 少許

＊餡料
（作法請參考P.26）

### 小熊巫婆帽子材料

白色起司片 半片

海苔 1小張

紅蘿蔔 少許

### 小熱狗木乃伊

小熱狗 2條

家常麵條 5～6根

白色起司片 少許

海苔 少許

### 小鳥蛋小鬼

小鳥蛋（熟）2顆

海苔 少許

蟹肉棒紅色部位 少許

## 作法

### 黑貓

1。 將白飯捏成貓頭形狀，再用海苔包住（海苔4周可先稍微切開會比較好包）。

2。 用保鮮膜包住飯糰讓海苔變得更濕潤，與白飯貼合的更好。

3。 將白色起司片切成2個菱形做成黑貓的眼睛。

4。 以海苔、黃色起司片做出五官細節（作法可參考P.25）。

### 小熊巫婆

5。 將黃色的飯分成3份，各捏成圓形，1大2小。

6。 以大飯糰當頭部，2個小飯糰當手部，組合。

7。 在小熊臉上貼上五官（作法可參考P.25）。

8。 以白色、黃色起司片做出小熊的耳朵（作法可參考P.25）。

9。 臉頰上放上一點黑芝麻。

> **TIPS**
> 分享盤內種類豐富，可挑選自己想做的準備喔！

### 小熊巫婆帽子

10。在白色起司片上割出巫婆帽子的形狀，然後放到海苔上。

11。海苔沿著起司帽子邊剪同樣的帽子形狀。

12。帽緣部分用白色起司和少許紅蘿蔔裝飾。

### 小熊巫婆掃帚

13。細長條餅乾尾端部分圍繞蟹肉棒就可以了！

### 小熱狗木乃伊

14。將麵條煮熟後取出備用。

15。小熱狗煎熟後，用煮熟的麵條不規則的圍繞。

16。白色起司片、海苔做成木乃伊的眼睛。

### 小鳥蛋小鬼

17。在小鳥蛋上放上海苔做成的眼睛、嘴巴。蟹肉棒紅色部分做成舌頭！

# 我愛我的家

 30分　　 2~3人份

### 材料

白飯 3碗

黃色起司片 半片

白色起司片 1片

海苔 少許

鮭魚 1片

豌豆 2大匙

胡蘿蔔丁 2大匙

玉米粒 2大匙

鹽 1小匙

醬油 2大匙

沙拉油 少許

### 作法

1. 鍋內倒入一點沙拉油，放入鮭魚，煎到熟後切碎。

2. 把白飯、豌豆、胡蘿蔔丁、玉米粒、鹽、醬油一起倒入鍋內，用中火拌炒均勻。

3. 將炒好的炒飯倒入容器內。

4. 黃色起司片割出房子的形狀。

5. 白色起司片割出房子的門、窗戶、旁邊的柵欄、草。

6. 布置到飯盤上，完成！

便當設計 ❀❀❀
配上可愛又好吃的配菜，
一個便當就是一個家！

# 讓孩子一起參與
## 樂趣比你想的更多

料理不只是大人的專利，可以試著讓兒女一起參與烹調過程，從中會發現更多的樂趣，對孩子們的成長也會大有幫助。

一起討論喜歡的圖案，更能了解他們的喜好。

每道料理都是一道創作，跟孩子們共同揮灑創意吧。

大人畫大人的，小孩畫小孩的，有時更能激發想像力。

看看自己的，看看孩子
的，你會發現孩子們的
世界多麼不一樣。

畫作成品的展示，讓他
們更有成就感。

在開始料理前，可以先
在紙上構想成品。

在他們面前放入食材，同時可以講解。

~原來這就是雞蛋～

動手做吧！可以趁機讓他們認識食材。

他們認真作畫的表情，相信父母永遠看不厭。

壓出形狀的過程，對他
們來說像魔法一樣。

原來小熊是
這樣來的！

做料理的過程
中，孩子間的
互動也會增進
感情。

把一些簡單的操作步
驟交給孩子，讓他們
大幅提升參與感。

**推薦好書**

## 健康好生活！用鑄鐵鍋做出的美味

· 作者：程安琪、陳凝觀
· 定價：420元

由健康好生活主持人陳凝觀與烹飪專家程安琪老師攜手合作，教你善用鑄鐵鍋的特點，炒、拌、燉、蒸；省時節能又可完整保留營養美味。教你從家常菜到宴客菜，都由好鍋包辦，天天都能健康好生活！

## 燉一鍋×幸福

· 作者：愛蜜莉
· 定價：365元

不景氣的年代，如何讓生活更快樂？愛蜜莉建議：去買一只好鍋吧！然後用快樂的心情為自己下廚做頓好料理，善待你的鍋，就是善待生活，最終你會體會，日日都美好！

## 健康氣炸鍋的美味廚房：
甜點×輕食 一次滿足

· 作者：陳秉文 · 攝影：楊志雄
· 定價：250元

健康氣炸鍋與獨家超人氣配件的完美結合，嚴選主菜、美式比薩、歐式鹹派、甜蜜糕點等，神奇一鍋多用法，美味料理術再升級！鹹食、甜點製作通通網羅其中，減油80％的一鍋多用烹調法再進化，讓你愛上烹飪愛cooking！

## 200道鍋煮美食輕鬆做：惹味肉香鍋×香濃海鮮鍋×各國好湯

· 作者：喬安娜·費羅
· 譯者：關仰山 · 定價：350元

200道一試難忘的鍋煮美食，英國資深烹飪專家貼心傳授。一個鍋就好一頓飯，惹味鮮肉、特色野味、香濃海鮮、健康素菜，四種不同主題，切合你不同需要，讓你每天都吃出驚喜！

## 巴黎日常料理：
法國媽媽的美味私房菜48道

· 作者：Mariko Tono
· 譯者：程馨頤 · 定價：300元

和你分享法國媽媽的家常菜、假日派對的小點以及最天然的季節果醬祕方，釀鮮蔬撒步。油炸鷹嘴豆袋餅、櫻桃克拉芙緹、甜蜜草莓醬……48道巴黎家常菜，輕鬆上手，簡單易做。從餐前菜到甜點，享受專屬於法式的慢食美味。

## 100道美味肉料理：
烤、炒、滷、炸，快速上桌

· 作者：程安琪 · 定價：299元

從家常的麻辣蹄花、蔥爆牛肉、糖醋排骨；到羊肉爐、香烤牛小排、砂鍋羊肉……等宴客大菜，安琪老師的肉類烹調要領，不藏私大公開！教你肉類烹調訣竅，讓你吃進營養、吃進美味、吃得好滿足！

## 晚餐與便當一次搞定：

1次煮2餐的日式常備菜

- 作者：古靄茵Candace Ku
- 定價：390元

最平凡的和風家常菜，最溫暖人心。運用雞、豬、牛、海鮮、蔬菜等各種食材，變化出豐富美味的和風家常料理及常備菜，只要隨著本書清楚簡易的步驟，就能為自己和家人輕鬆做出每一天的晚餐與便當，共享最溫暖的幸福美味。

## 在家做清粥小菜70道簡易家常輕食+6道養生粥品

- 作者：程安琪 ・定價：169元

暖暖軟軟的粥品滑順入口，搭配幾道可口的小菜，勾起你胃裡的食慾，滿足你嘴裡的味蕾！本書精選的6種粥品，特別挑選五穀雜糧等養生食材，70道小菜烹調方式則以減少油膩、加強蔬菜和豆製品的比重，非常符合現代人對健康的訴求。

## 香噴噴烤箱菜

- 作者：程安琪 ・定價：300元

無油煙，輕鬆搞定！「烤」是很簡單的烹調法，溫控、定時、無油煙，且失敗率低，烤好之後自然散發的出的香氣，非常吸引人，不只烤雞、肉串及烘培點心，就連年輕人最喜愛的流行焗烤菜，都能輕鬆端上桌。

## Let's picnic!野餐料理用容器輕鬆做：玻璃罐、保鮮盒、紙杯、小鑄鐵鍋，40道料理輕鬆帶著走

- 作者：郭馥瑢 ・攝影：楊志雄
- 定價：330元

野餐前，剛揪好團、定下日期，卻不知道要帶什麼料理；但我的手藝不佳，做不出好吃又好看的菜肴；想帶沙拉、也想帶甜點，用最適合的容器，做繽紛可口的美食，40道美味帶著走，享受野餐好食光！

## 星級主廚的百變三明治：嚴選14種麵包╳20種醬料╳50款美味三明治輕鬆做

- 作者：陳鏡謙 ・攝影：楊志雄
- 定價：395元

本書介紹50種三明治的食譜及基本作法，並在準備篇中推薦20款適合搭配在三明治的醬料，並說明其作法，非常適合廚藝不精或初學者，但喜歡吃三明治的讀者。

## 吐司與三明治的美味關係

- 作者：于美芮 ・定價：340元

這是一本吃吐司的書，也是一本玩吐司的書。日常生活中息息相關的麵包式吐司，以一種基本麵包面貌，做不同的運用；焗烤、佐湯還能做甜點，變化多端，哪一種麵包能像吐司這樣好操作？基本醬汁介紹：甜醬汁、鹹醬汁。早午餐、吐司盒、吐司DIY，吃剩吐司變花招。讓妳一次學會變化萬千的吐司。

50道孩子最喜歡的可愛料理

# 超萌造型
# 兒童餐

yummy！

作　　者　濤媽

攝　　影　濤媽、李柏毅

編　　輯　羅德禎、林憶欣

美術設計　劉旻旻


發 行 人　程安琪

總 策 畫　程顯灝

總 編 輯　呂增娣

主　　編　翁瑞祐、羅德禎

編　　輯　鄭婷尹、吳嘉芬、林憶欣

美術主編　劉錦堂

美術編輯　曹文甄

行銷總監　呂增慧

資深行銷　謝儀方

行銷企劃　李　昀


發 行 部　侯莉莉

財 務 部　許麗娟、陳美齡

印　　務　許丁財

出 版 者　橘子文化事業有限公司

總 代 理　三友圖書有限公司

地　　址　106台北市安和路2段213號4樓

電　　話　(02) 2377-4155

傳　　真　(02) 2377-4355

E — mail　service@sanyau.com.tw

郵政劃撥　05844889 三友圖書有限公司


總 經 銷　大和書報圖書股份有限公司

地　　址　新北市新莊區五工五路2號

電　　話　(02) 8990-2588

傳　　真　(02) 2299-7900


製版印刷　卡樂彩色印刷製版有限公司

初　　版　2017年08月

定　　價　新台幣380元

I S B N　978-986-364-107-0（平裝）

國家圖書館出版品預行編目(CIP)資料

超萌造型兒童餐：50道孩子最喜歡的
可愛料理 / 濤媽作. -- 初版. -- 臺北市：
橘子文化, 2017.08
　面；　公分
ISBN 978-986-364-107-0(平裝)
1.點心食譜
427.16　　　　　　　　106012619

SANYAU

http://www.ju-zi.com.tw

三友圖書

友直 友諒 友多聞

TaBaby

# 濤寶日記

## 給妳最溫暖的美味。

能對小孩的胃，補足家庭的溫暖。
從小小的一道菜開始。

濤媽大推のCANYON
日本兒童咖哩

銷售破千包
九州鬆餅粉

日本大人氣
元氣親子飯匙

掃描QR code前往濤寶日記官網購買
www.taobabytown.com

# 恣意暢遊海洋，是一種慢生活、新體驗。

透過租賃、包船方式，高級私人遊艇不再是遙不可及。

制訂一趟屬於你們的海洋假期，體驗水域運動之美及海洋的魅力！

 豐穗四季
ENRICH LIFE WITH TRIPS

★ 2018/12/31憑此優惠券租賃或包船，享定價9折優惠。 ★ 2018/7/31前預訂成功者，再折扣TWD3,000。

(折扣優惠只限遊艇租賃或包船。不包含行程、餐食等其他項目。每航次限折抵乙張優惠券)

### 自己做最安心！麵包機的幸福食光：麵包糕點╳果醬優格 健康美味零失敗

- 作者：呂漢智　・攝影：楊志雄
- 定價：290元

原來麵包機也可以做出口感酥軟的法國麵包；桂圓蛋糕，不須經過長時間烘烤，只要一鍵即可搞定；天然水果製成的果醬，女生們最喜愛的優格、生巧克力等，3步驟馬上甜蜜入口。

### 和菓子：職人親授，60種日本歲時甜點

- 作者：渡部弘樹、傅君竹
- 攝影：楊志雄　・定價：450元

隨著春夏秋冬的更迭，呈現花鳥風月的變化，和菓子職人與您分享美學與食感兼具的手作點心。和菓子是日本食文化的代表之一，以與西洋點心「洋菓子」區隔。和菓子不僅僅是食物，更是表現四季五感的一種藝術。

### 湯圓、糯米糰變化62種甜品！大福、芝麻球、菓子，教你變化花樣多變的吃法！

- 作者：小三　・定價：300

一個糯米糰，變化出62種創意！甜、鹹到創意湯圓，不論是日本大福草莓、台式芝麻球，還是清涼消暑的湯圓串、芒果布丁小丸子等，本書介紹湯圓的基礎揉製、餡料的搭配製作，用花樣多變的吃法，讓你品嘗盛夏午茶時光的小確幸。

## 果醬女王的薄餅&鬆餅：簡單用平底鍋變化出71款美味

- 作者：于美芮 ・攝影：蕭維剛
- 定價：389元

用平底鍋就能做出的美味點心，法式、美式、英式、泰式、印度……等，教你做出各國風味，無時無刻享受幸福好食光。從最基礎的鬆餅&薄餅開始，教你搭配泰式、中式、美式……等不同國家的美食元素，做出無國界美味料理！

## 超人氣馬卡龍X慕斯：

- 70款頂級幸福風味》
- 作者：鄒肇麟 ・定價：280元

不需特殊工具、不需專業烤箱，甜點達人教你用最簡單的手法，做出70款流行美味！讓你在家就能品嚐專業級馬卡龍跟慕斯的美味。女孩必學70款超人氣幸福甜點！最簡單的手法、最普遍的工具，創造出不平凡美味。

## 糖霜餅乾，在家也能做出星級點心！

- 作者：黃品仙 ・定價：300元

皇室糖霜基本製法、各式擠花技巧、造型糖霜餅乾示範詳解、美味餅乾食譜、文字解說搭配步驟圖片、輕鬆做出創意十足的糖霜餅乾。除有糖霜基本製法及各式擠花技巧，還有最受歡迎的風味餅乾食譜。

---

# PAUL
### depuis 1889

## § 百年經典・原味重現 §

一百多年以來，歷經五個世代，PAUL依然勇敢堅持傳統精神、恪循古法，耗時費工地烘焙製作每一個PAUL麵包，堅持高品質的原味，在現代的新興連鎖行業中，PAUL卻堅持費時、不經濟的方法烘焙，嚴格要求麵粉來源，使用自己契作的鄉村多麥品種，雖然沒有什麼經濟利益，卻烘焙出了絕對品質保證的金字招牌，揚名海內外，成為最道地法國庶民美食的代表。

## 兌換地點

**台北**
| 【仁愛店】 | 02-2771-3200 |
| 【信義新光三越A9店】 | 02-2722-0700 |
| 【內湖店】 | 02-7736-9606 |
| 【南西新光三越鋪售櫃】 | 02-2567-9738 |
| 【天母SOGO銷售櫃】 | 02-2834-5185 |

**新北**
| 【林口三井Outlet店】 | 02-7730-5538 |

**桃園**
| 【中壢SOGO銷售櫃】 | 03-275-1138 |

**新竹**
| 【巨城Big City店】 | 03-623-8125 |

**台中**
| 【中港新光三越店】 | 04-2255-6270 |
| 【中友百貨銷售櫃】 | 04-3700-7210 |

注意事項：
1. 外帶單筆消費滿350元，方可使用本券1張。
2. 本券可於PAUL台灣各門市使用，期限為2017/8/1~10/31，逾期恕不受理
3. 本券限外帶使用，結帳前請交予服務人員
4. 本券無法兌換現金或找零
5. 本券經翻拍、影印、塗改、汙損無法辨識，
6. 本券恕不得與其他店內活動優惠併用
7. PAUL門市保有抵用券內容更改之權利，未盡事宜依門市公告為準

TAOBABY PA-17-08-M1-0002　**PAUL專用章**

購買《超萌造型兒童餐：50道孩子最喜歡的可愛料理》
的讀者有福啦，只要詳細填寫背面問券，並寄回三友圖書
即有機會獲得日日商業股份有限公司獨家贊助好禮！

SAN YAU
三友圖書
讀書俱樂部

粉絲招募
歡迎加入

臉書／痞客邦搜尋
「三友圖書-微胖男女編輯社」
加入將優先得到出版社提供
的相關優惠、
新書活動等好康訊息。

「GREENGATE－Simone white 保冷袋」
市價2160元（共乙名）

活動期限至2017年10月13日止（詳情請見回函內容）
本回函影印無效

四塊玉文創╳橘子文化╳食為天文創╳旗林文化
http://www.ju-zi.com.tw
https://www.facebook.com/comehomelife

親愛的讀者：

感謝您購買《超萌造型兒童餐：50 道孩子最喜歡的可愛料理》一書，為回饋您對本書的支持與愛護，只要填妥本回函，並於 2017 年 10 月 13 日前寄回本社（以郵戳為憑），即有機會參加抽獎活動，得到「GREENGATE － Simone white 保冷袋」（共乙名）。

姓名＿＿＿＿＿＿＿＿＿＿＿＿＿＿　出生年月日＿＿＿＿＿＿＿＿＿＿＿＿

電話＿＿＿＿＿＿＿＿＿＿＿＿＿＿　E-mail＿＿＿＿＿＿＿＿＿＿＿＿＿＿

通訊地址＿＿＿＿＿＿＿＿＿＿＿＿＿＿＿＿＿＿＿＿＿＿＿＿＿＿＿＿＿＿

臉書帳號＿＿＿＿＿＿＿＿＿＿＿＿＿＿＿＿＿＿＿＿＿＿＿＿＿＿＿＿＿＿

部落格名稱＿＿＿＿＿＿＿＿＿＿＿＿＿＿＿＿＿＿＿＿＿＿＿＿＿＿＿＿＿

**1** 年齡
□ 18 歲以下 □ 19 歲～ 25 歲 □ 26 歲～ 35 歲 □ 36 歲～ 45 歲 □ 46 歲～ 55 歲
□ 56 歲～ 65 歲 □ 66 歲～ 75 歲 □ 76 歲～ 85 歲 □ 86 歲以上

**2** 職業
□軍公教 □工 □商 □自由業 □服務業 □農林漁牧業 □家管 □學生
□其他＿＿＿＿＿＿＿＿＿＿＿＿＿＿＿＿＿＿＿＿＿＿＿＿＿＿＿＿＿＿＿

**3** 您從何處購得本書？
□博客來 □金石堂網書 □讀冊 □誠品網書 □其他＿＿＿＿＿＿＿＿＿＿＿＿
□實體書店＿＿＿＿＿＿＿＿＿＿＿＿＿＿＿＿＿＿＿＿＿＿＿＿＿＿＿＿＿

**4** 您從何處得知本書？
□博客來 □金石堂網書 □讀冊 □誠品網書 □其他＿＿＿＿＿＿＿＿＿＿＿＿
□實體書店＿＿＿＿＿＿＿＿＿＿＿＿＿＿ □ FB（三友圖書 - 微胖男女編輯社）
□三友圖書電子報 □好好刊（雙月刊）□朋友推薦 □廣播媒體

**5** 您購買本書的因素有哪些？（可複選）
□作者 □內容 □圖片 □版面編排 □其他＿＿＿＿＿＿＿＿＿＿＿＿＿＿＿

**6** 您覺得本書的封面設計如何？
□非常滿意 □滿意 □普通 □很差 □其他＿＿＿＿＿＿＿＿＿＿＿＿＿＿＿

**7** 非常感謝您購買此書，您還對哪些主題有興趣？（可複選）
□中西食譜 □點心烘焙 □飲品類 □旅遊 □養生保健 □瘦身美妝 □手作 □寵物
□商業理財 □心靈療癒 □小說 □其他＿＿＿＿＿＿＿＿＿＿＿＿＿＿＿＿＿

**8** 您每個月的購書預算為多少金額？
□ 1,000 元以下 □ 1,001 ～ 2,000 元 □ 2,001 ～ 3,000 元 □ 3,001 ～ 4,000 元
□ 4,001 ～ 5,000 元 □ 5,001 元以上

**9** 若出版的書籍搭配贈品活動，您比較喜歡哪一類型的贈品？（可選 2 種）
□食品調味類 □鍋具類 □家電用品類 □書籍類 □生活用品類 □ DIY 手作類
□交通票券類 □展演活動票券類 □其他＿＿＿＿＿＿＿＿＿＿＿＿＿＿＿＿＿

**10** 您認為本書尚需改進之處？以及對我們的意見？
＿＿＿＿＿＿＿＿＿＿＿＿＿＿＿＿＿＿＿＿＿＿＿＿＿＿＿＿＿＿＿＿＿＿＿

感謝您的填寫，
您寶貴的建議是我們持續的動力！

本回函得獎名單公布相關資訊
得獎名單抽出日期：2017 年 10 月 27 日
得獎名單公布於：

臉書「三友圖書 - 微胖男女編輯社」：https://www.facebook.com/comehomelife/
痞客邦「三友圖書 - 微胖男女編輯社」：http://sanyau888.pixnet.net/blog

Children's Meal.

Children's Meal.